U0774357

后浪

日常生活中的思维导图

[日]矢岛美由希（Yajima Miyuki）著
程莉枫 译

江西人民出版社
Jiangxi People's Publishing House

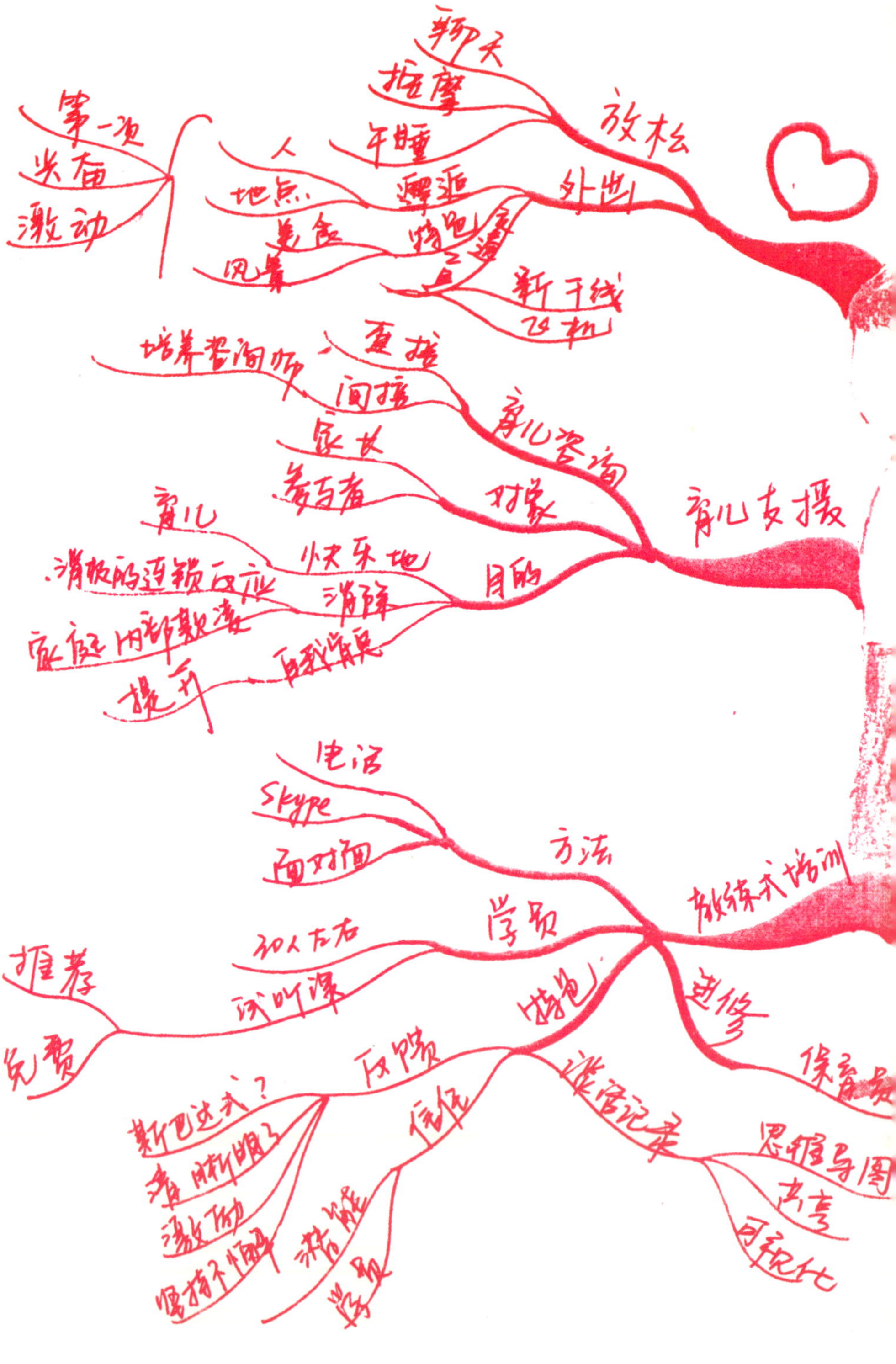

育儿支援
放松
聊天
按摩
午睡
外出
特色
交通
新干线
飞机
人
地点
美食
风景
第一次
兴奋
激动
育儿咨询
直接
间接
培养咨询师
对象
家长
参与者
目的
育儿
快乐地
消除
消极的连锁反应
家庭内部欺凌
提升
教练式培训
方法
电话
Skype
面对面
学员
10人左右
特色
试听课
推荐
免费
反馈
清晰明了
激励
坚持不懈
信任
课堂记录
思维导图
录音
可视化
进修
保育员

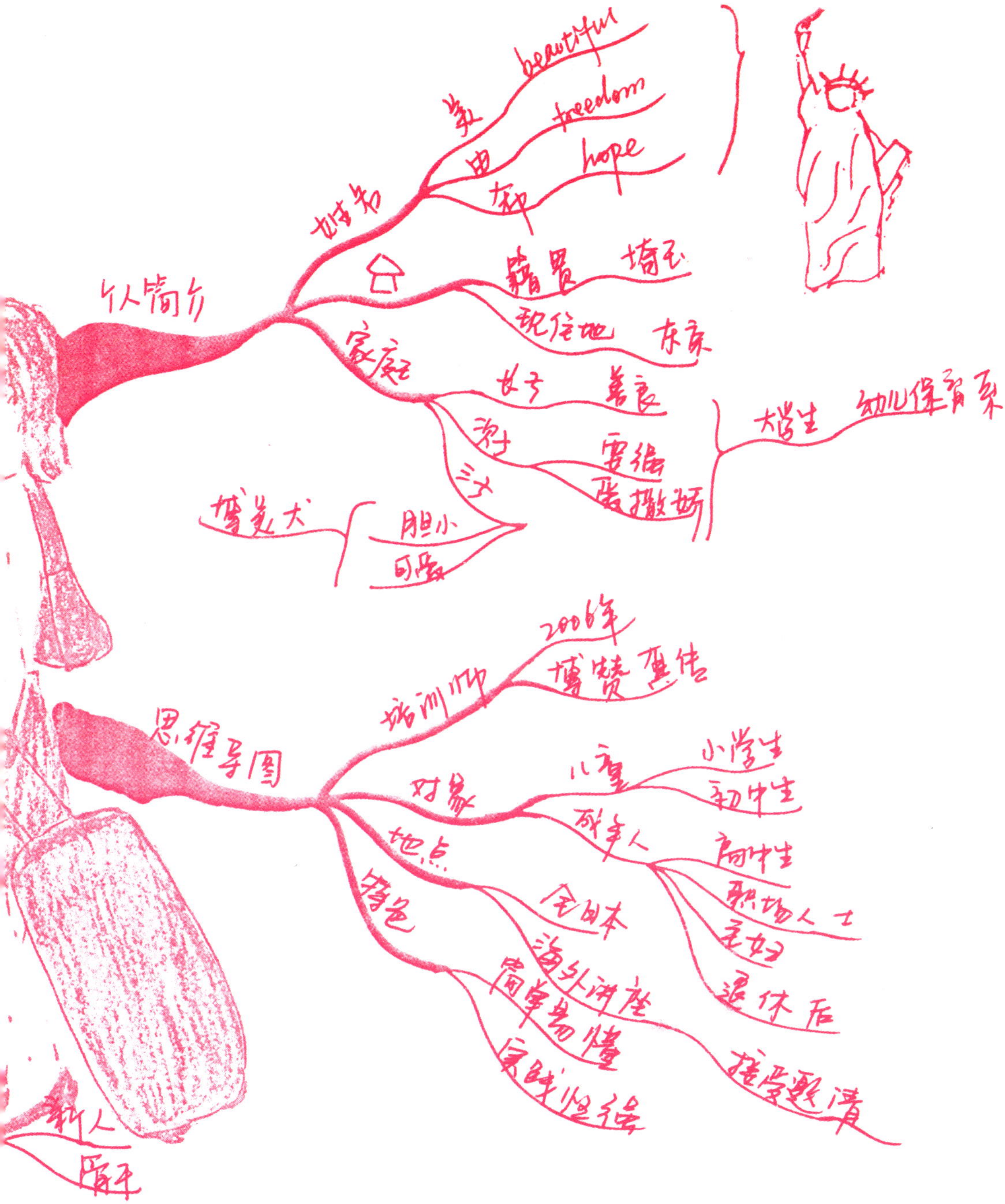

个人简介
姓名
美
beautiful
由
freedom
希
hope
籍贯
埼玉
现住地
东京
家庭
善良
要强
爱撒娇
大学生
幼儿保育系
胆小
可爱
博美犬
思维导图
培训师
博赞真传
对象
儿童
小学生
初中生
成年人
高中生
职场人士
主妇
退休后
地点
全日本
海外讲座
接受邀请
特色
简单易懂
实践性强
新人

前　言

你知道什么是思维导图（mind map）吗？

“我听说过，但没有用过。”

“我见过这种图，但一直不知道它叫这个名字。”

“哎哟……我没见过也没听说过。”

想必有很多读者会如此回答。思维导图虽然为一些人所熟知，但仍有很多人对它尚不了解。

一直以来，日本将思维导图宣传为一种能激发创造性思维的全新的思维工具。这源于顶级咨询师神田昌典先生倾力翻译的《思维导图》（*The Mind Map Book*）一书，并将其引入了日本。

于是，IT人士纷纷用这种方法整理信息、发散思维，对新事物非常敏感的职场人士也对这种独特的思维方式产生了兴趣，而热衷于自我启示和技术提升的人应该也很熟悉思维导图。

不过，思维导图并非职场人士的专属工具，反倒是那些兼顾家庭和事业的在职妈妈以及要在短时间内根据多元化信息作出决策的福利事业的支持人员更能体会到思维导图的便捷。

我认为，通过画线条（分支，branch）加深思维的过程比只重视结果的思维更适用于带有教育性质的场合，因为思维的前后过程会化作线条和词语保留下来。实际上，在日本的很多教育实践中都能看到普及思维导图的成功案例。

不过，思维导图在普及的过程中似乎也产生了一些误区。有人想当然地以为思维导图就是“从纸的中央向四周画几条放射状的线”，还有很多人以为思维导图对绘画水平要求很高，因而望而却步。

我觉得，思维导图应该是一种帮助大家超越“自我思维极限”的“用脑方法”。这听起来或许有些高难度，但其实不用把它想得很难，因为思维导图没有“标准答案”可言。

无论是那些因执著于“正确的思维导图”而没有把它充分利用起来的人，还是今后打算学画思维导图的人，都能在本书浅显易懂的讲解中有所收获。也希望一直把思维导图想得很复杂或者对思维导图持怀疑态度的人能通过本书介绍的日常生活中的使用案例拉近和思维导图之间的距离。

思维导图是一种“快乐”的工具，同时也是一门“深奥”的学问。

日常生活中的思维导图　目录

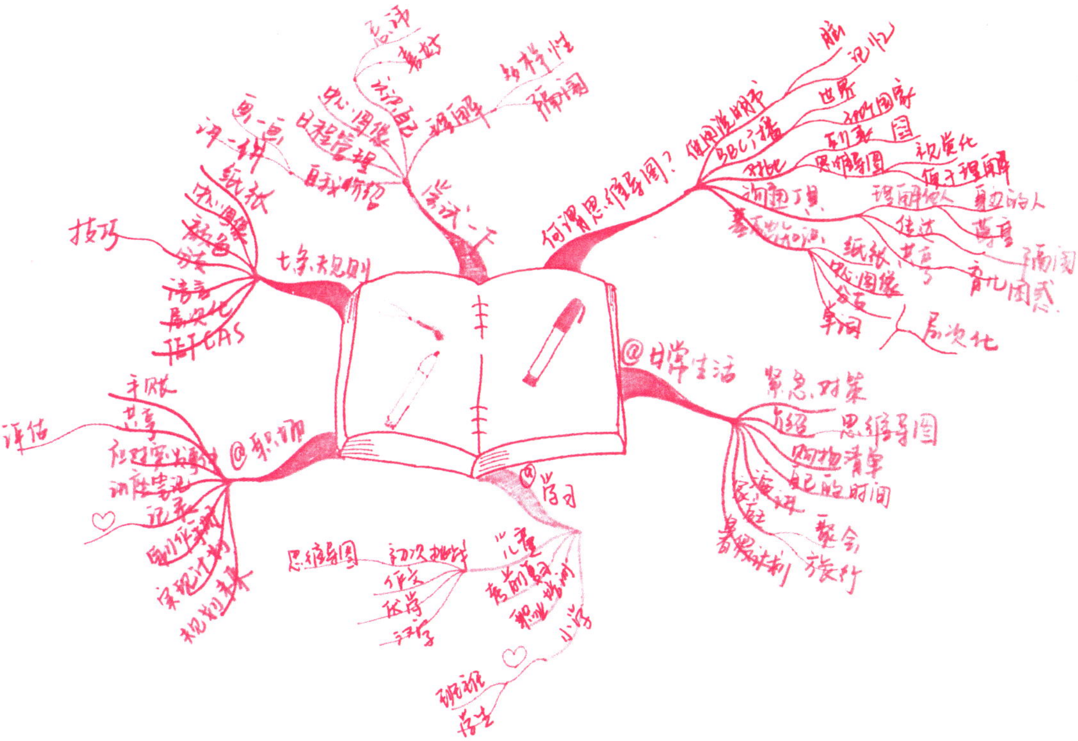

1

何谓思维导图？

思维导图是怎样诞生的

思维导图由东尼·博赞（Tony Buzan）于20世纪70年代创建。英国广播公司BBC曾播出一期颇有影响的节目，介绍学习障碍儿童通过思维导图发生了很大转变。这期节目使思维导图广为人知，如今，世界各国都在使用这种工具。

人们通常认为，1982年出版的博赞的《开动大脑》（*Use Your Head*）是最早将思维导图介绍到日本的著作。但其实，早在1978年，博赞的著作就已经在日本翻译出版了（《充分使用你的大脑》[*Make the Most of Your Mind*]）。这本书的修订者正是以卡片数据整理法——"KJ法"著称的川喜田二郎教授。

后来，随着博赞的著作《思维导图》（神田昌典译）的热销，"思维导图"一词在日本也得到了广泛普及。我的讲座的一位听众告诉我，他们家祖孙三代都很钟爱思维导图。思维导图在日本获得普遍认知的时间或许不长，但说不定在很久以前就有人开始使用它了。

只要掌握方法，就会无所不能

思维导图的诞生可以追溯到其创始人东尼·博赞刚上小学的时候。

小学按成绩排名分班。少年东尼被分到1A班，而他的好友巴里被分到了1D班。巴里熟知许多昆虫的名字，还非常了解河鱼，东尼很尊敬他。可是，东尼上了成绩最好的A班，巴里却被分到了成绩较差的D班。

天真的东尼萌生了许多疑问："什么是聪明""谁决定了聪明的含义"，他开始思考"聪明"为何物。

在少年东尼14岁时，他参加了一场测试阅读速度的考试。这是当时英国升学前的预考。升学后需要阅读大量参考文献，所以必须具备快速阅读的能力。

在这场考试中，东尼一分钟读了214个单词。自我感觉良好的他觉得自己表现得不错，可是，班上有个孩子一分钟读了314个单词，速度比他还快了很多。东尼对班主任老师说："我也想读得和他一样快！"

可老师却告诉东尼："这是不可能的。"在当时，人们认为阅读速度是一种天赋。"正如头发和眼睛的颜色不会改变一样，阅读的速度也是固定不变的。"听到这番回答，东尼又产生了疑问。他从13岁开始锻炼身体，并曾用半年时间练出了6块腹肌，所以他想："既然身体能通过锻炼变强，那么眼球的转动应该也能练得更加灵活，大脑或许也能通过锻炼变聪明。"

此后，为了提高阅读速度，东尼尝试了多种办法，比如锻炼阅读时眼球的转动、为理解书本内容事先做准备等，最终将阅读速度提升到了一分钟1000单词以上。这个经历使东尼相信："大脑拥有无限的潜能。""只要掌握方法，谁都能够做到。""很多人只是不懂方法而已。"

大脑的使用说明书

进入大学后，一波接一波的作业使东尼应接不暇，一筹莫展。于是，他去图书馆查找能够提高大脑使用效率的书籍。然而，他把自己要找的书告诉图书馆管理员后，却被带到了解剖生理学的书架前。东尼解释道："我找的不是这类书，而是介绍如何高效使用大脑的书。"而他得到的是管理员冷冷的回答："这里没有你要找的书。"

听罢，东尼感到十分震惊。连收音机都有使用说明书，为什么像大脑这么重要的器官却没有说明书？！这件事成为了他人生的巨大转折点。"既然没有大脑使用说明书，那我就自己来写一部！"没错！这就是思维导图的来历。

说到这里，我们把时间稍稍倒退到东尼进入大学后的第一堂课上。在充满期待和紧张的学生们面前，以厌恶学生迟到著称的克拉克教授走进讲堂。"点名。"说着，教授开始按照名册上的顺序念出学生的名字。一旦发现缺席的学生，教授就不假思索地说出他的家庭住址和父母姓名。东尼的一个朋友也缺席了，所以他发现教授并非随口乱说。这给东尼带来了很大的震撼。

克拉克教授在课堂结束前再次点了缺席学生的名字，留下一句"我会把他们记在名册上的"，就走出了教室。东尼飞奔出教室，追上教授，向他提出了一个请求："老师，请告诉我怎样才能拥有那么好的记忆力。"教授当然没有轻易告诉他，但东尼一连恳求了3个多月，终于得到了教授的回答："记忆有它自己的规律。"

记忆术与思维导图

克拉克教授教给东尼的是希腊记忆术。这是一种把记忆对象和周围事物结合起来进行记忆的方法，类似于用谐音背历史年号。这种方法只需很少的体力和脑力就能高效准确地记住事物，现在依旧是全球广为使用的记忆术之一。

东尼将这种记忆术记在笔记本上，加以学习，而后又钻研出了一套独特的记笔记法。在此期间，他一直惦记着“大脑使用说明书”。什么样的笔记才能更为高效地用大脑记住更多的内容？最终，他画出了从中央主题向四周发散线条的放射状笔记，思维导图就这样诞生了。

最初，线条（分支）是用尺子画的直线，颜色也统一是黑色。渐渐地，颜色丰富了起来，线条也变成了曲线，最终进化成了我们所熟知的思维导图。因为这种奇特的笔记，东尼还曾经挨过教授的批评，但在一次次取得好成绩后，教授也就不再说什么了。

后来，东尼在大学讲授心理学时，发现一些学生总是打盹，不知该如何是好。有什么办法能让学生专心听讲呢？想着想着，东尼发现了一个关键问题：他的板书用的是列表形式。这也难怪他们会睡着。自我反省后，东尼用思维导图代替了列表形式的板书。于是，他的课上再也看不到打盹的学生了。

将思维导图传向世界

在如何让人变聪明的问题上，东尼·博赞是非常具有野心的。他之所以参加世界顶级智商俱乐部“门萨”（Mensa）的活动，想必也是求知欲使然（事实上他本人的智商也相当高）。前文中提到的BBC节目也是在门萨活动的机缘下得以实现的。

其实，在那期节目之前，博赞从未把思维导图传授给其他人。他围绕大脑开发组织了诸多活动，也发表过论文，但从未介绍或普及过思维导图。可是，BBC的节目出乎意料地引起了巨大反响，才使他决定以那期节目为基础著书。就这样，博赞开始了思维导图的推广活动。

著作引发热议，人们纷纷给予积极评价，这让博赞也很高兴。可是，尽管很多人对思维导图赞不绝口，却极少有人亲自尝试。得知此事后，为了更广泛地普及思维导图并让更多的人实践它，博赞开始在世界各地举办讲座。

思维导图本是为了提高记忆力而创造出来的，所以，博赞介绍它为一种有助于记忆和学习的工具。然而，随着思维导图在全球的普及和使用人群的不断扩大，一些人开始将思维导图运用到记忆和学习之外的其他场合：有人用它发散思维，有人用它管理日程……这让博赞本人也十分惊讶：思维导图的可能性已经超出了他的预想。

由此，思维导图成了一本真正的“大脑使用说明书”。它不仅对记忆和学习等输入知识的过程有所帮助，还能用于管理和事项确认，成了一种万能工具。

如今，70余岁的思维导图创始人博赞仍在推广思维导图。

日常生活中使用的思维导图

东尼·博赞的著作《思维导图》被翻译引进到日本后，思维导图就在日本广泛地普及开来。该书的译者神田昌典是日本著名的咨询师，也正因为如此，思维导图最初主要在职场人士之间流传。

但是，思维导图并不只对职场人士有所帮助。在我看来，反倒应该把这种工具积极地应用到日常生活中。所谓“日常生活中的应用”，具体来说，比如用思维导图列购物清单、制定旅行计划，或者用思维导图制定夫妻间的约定（家务分工或育儿方针等），还可以用来制作日程安排表和待办事项表（to-do list）。

制作思维导图是将画在中央的主题逐渐细化分解的过程。先把从主题延伸出的粗线（主支）分解成中等粗细的线条，再把每根线条继续分解成细线，然后再把它们分解得更细……制作思维导图就是分解步骤的不断重复。这个过程可以帮助我们从不同角度透彻地分析一个主题。不仅如此，把所有内容都画在一张纸上，可以纵观全局，还能注意到信息之间的联系。

此外，相互连接的线条使分解过程一目了然。细线上的词语是从哪根线上分出来的？它的源头又是哪根粗线？这些问题都能立刻找到答案。可以说思维导图与促成它诞生的记忆术一样，所有信息都是相互关联的。

整理大脑的思维导图

思维导图常被拿来和分项列表作对比。二者都围绕一个主题进行记述，但结果大不相同。二者的区别也许更能凸显思维导图的神奇之处。

首先，我切身体会到的思维导图的一个优点就是便于补充。无论是购物清单、旅行计划还是“今天的待办事项”，当我们围绕一个主题展开思考时，是不是时常会想：“啊，我怎么把这个给忘了？”

如果用的是分项列表，写好后再补充内容总会让列表显得很乱。要是只补充一两处倒也还好，但要是补充内容过多或者想删减部分内容，列表就会变得很凌乱，让人不禁产生重新列表的冲动。结果，在重做列表的过程中，又把刚才想起来的事情给忘了……你是不是也有过这样的经历？

不过，如果用的是思维导图，就可以随时把想到的内容原封不动地添加到图上。要是画不下了，就把分支一直延伸到空白的部分，就能想加多少就加多少。而且，从中间向周围发散的思维导图能够充分利用纸上的所有空白。在纸张大小相同的情况下，思维导图应该能比分项列表记录更多的信息。

其次，“延伸分支”的动作会使人下意识去思考“下面会出现什么内容”，因此有助于想起遗忘的事项或想出新点子（激发灵感的思维导图利用的就是这个优点）。我认为，用线条将浮现在脑海中的事物连在一起可以激发思维，从而减少疏漏。

看一看画好的思维导图，我们就会发现，脑子里各种杂乱无章的信息都被井然有序地整理在了纸上。主题画在中央，从中延伸出的粗线上记录着重要的信息；粗线上又分出线条，记录着更为具体的内容。要素在“线条”的作用下自动进行了分类。是思维导图替我们理清了脑内信息，这么说或许也不为过。

思维导图不是“魔法道具”

从这里我们能发现，思维导图中最重要的就是“画画”。画画这种行为本身就能帮我们理清思绪，找到发现和解决问题的线索。所以，要是不画画就无从下手。

话虽如此，但也不是光画一幅放射状的图画就大功告成了。不少人以为，“只要画一画思维导图，就能发现些什么（线索或答案）”，但实际并非如此。在明确自己为何而画、如何使用的基础上动脑去画，这才有意义。这是因为我们画不出自己不知道的信息。虽然思维导图经常帮助我们想起遗忘事项，但它并非“魔法道具”，变不出我们完全不知道的信息。

不过，整理脑内信息也就意味着让我们意识到还缺少什么。通过绘制思维导图，我们可以认识到自己“不知道”哪些信息。这种意识说不定就能帮助我们找到答案或线索。

把自己的思维原原本本地画下来、想起来

当你打算做一个分项列表时，是不是就已经下意识地在脑内进行“整理”了？我们总是不由自主地想把列表“做得漂亮一些”，思考怎样才能从上到下排列整齐，如何给事项分门别类。这样做反而会搅乱脑内的信息，有时回头去看做好的列表时甚至不知道上面记了些什么。

相较之下，思维导图可以按照自己的思路随心所欲地绘制。一根线条可以分出任意根细线，根据需要还可以进一步分出更细的线条。这些情况都是允许出现的。也许我们画好的思维导图上只有一根主支（第一

批粗线条），但只要看到这张图就会明白，“在这个主题下只需深入思考一项内容”。

另外，此前我提到，思维导图便于补充内容。反之，如果中途想要删掉一些内容，建议不要用涂改液抹掉，而是用叉号或双横线划掉，把内容保留下来。这样就可以在今后追溯自己的思维过程。只要知道自己“想起了这件事，但还是把它删掉了”，就能回想起“为什么把它删掉”。

思维导图将我们的思维原原本本地体现了出来，也便于我们回想起思维的全过程。当我们用分项列表做记录时，是否曾经冒出过这样的疑问：“列表的第三行是什么来着”“这一项的下面写的是什么来着”？只顾逼自己做出条理清晰的列表，结果记下的内容事后连自己都想不起来。

思维导图完全再现了创作者的思维，只要按照自己的思路进行回想，就能轻松回忆起来。这些要素不是零散的，它们通过分支连在一起，使我们能一个不落地想起所有必要事项，是名副其实的“顺藤摸瓜式”回忆。

颜色和形状是对回想大有帮助的两个要素。只要看一看本书中收录的思维导图，就会发现思维导图都是五颜六色的。“使用多种颜色”也是绘制思维导图的一项重要规则（详见第142页），丰富的颜色和从中央向四周尽情伸展的线条可以帮助人们用视觉记住所有内容。

所以，大脑无须承受过多负担（压力）就能回想起来。“我记得是写在右下方……用的是红笔，所以它的主支是△△……旁边写的是○○……”思维导图原本就是为改善记忆而创造出来的工具，自然有利于记忆和回想。

形象地表达杂乱日常

在随心所欲绘制出的思维导图上，线条自然而然地分门归类，信息整理得井井有条，但还是给人一种杂乱的感觉。

我认为，这正反映了人脑的状态。人脑中的所有信息也不是一项项排列整齐的。虽说所有信息都彼此相联，但关联形式却是因人而异。有的关联形式会超出他人的想象（也许连本人也想不到），有的信息两端关联的是毫不相干的信息。

况且，日常生活本就是杂乱的，充斥着太多需要思考的事物，成家后更是如此，而思维导图能够将这种杂乱无章原原本本地再现出来。尽管信息是杂乱的，但通过颜色和线条进行了整理，回头再看的时候自己和他人都能看懂。

之所以如此，是因为我们可以用感觉去理解思维导图上的信息，而不需要靠道理和理论。这是思维导图也适用于儿童的一大原因。

譬如，就算不清楚A和B为什么会相连，只要分支将两者连在一起，我们就知道它们是有关联的。此外，只要看到粗线上分出的细线，就会明白一个较大的要素被分成了几个小要素。

也就是说，我们可以掌握该主题的整体结构和层次。换言之，我们可以系统地理解主题。实际上，思维导图的规则之一便是“层次化”，只要遵循这条规则画思维导图，其结构自然都会一目了然。

但层次清晰给思维导图增添了另一个加分项，那便是“传达能力”。让他人看一看自己画的思维导图，就能让对方理解自己的思考。比如，在说明“今年暑假想去冲绳”的原因时，用不着解释为什么想去、冲绳的优点、有什么好处等问题，只要让对方看看思维导图，就能让他顺着自己的思路感受想去冲绳的原因。

也就是说，思维导图也可以用于沟通。忠实再现脑内思维的思维导图能够将难以言表的心情和口头说不清楚的事情全都总结下来，并以紧扣主题的形式传达给对方，可谓一种终极的沟通工具。

思维导图是终极沟通工具

思维导图对人与人之间的沟通也大有帮助，本节将说明其中的原因。如前面所说，思维导图的“传达能力”也会促进沟通，但最关键的还是在于“透过思维导图能准确了解对方”，因为思维导图不会说谎。

与他人初次见面时，你会从哪些方面来认识对方呢？你是否常常从外表（表情和服装）、谈话方式（语速和声调）、谈话内容、行为举止和礼节等方面去了解对方的为人？但其实，光凭这些我们只能了解很有限的一部分。

比如说，请想象有这样一位男士——他眉毛上挑、留着平头，见到别人会干脆宏亮地问一声“您好”。他态度谦虚，用的自然是敬语，不管遇到何事都不会说别人的坏话，对谁都表示尊敬的态度。

如果这位像武术家一样的男士所画的思维导图线条很细，颜色用的都是粉彩色，你会作何感想？你是否会觉得，“这个人看起来强硬，可说不定是个心思细腻的人？”随着对他的了解逐渐加深，你或许就会确信自己猜得没错。

也就是说，我们能透过思维导图感知一个人的“风格”“本性”和“本质”等部分。与其观察外在要素或客套几句，还不如看几张思维导图就能准确抓住对方的为人。这种例子其实并不少见。

用思维导图“了解人”

除了对思维导图的整体印象外，细节的画法和描绘内容也会透露出创作者的特征。从线条（分支）的画法可以看出性格倾向，线条的粗细代表观点的强弱，长度代表决策能力和利落程度，而线的弧度往往反映了情绪的波动性。

这些是我在做培训师的这些年间，通过接触其他培训师、讲座学员和活动参与者的思维导图积累下来的经验，应该是比较准的。

用色也会反映出人的性格。当然，手头的彩笔颜色够不够多也是影响用色的一大原因，但即便如此，有的人会使用同种色系的颜色，有的人则使用反差较大的颜色，有的人是“拿到哪种颜色就用哪种”，有的人则是“一边选颜色一边画”。

从线条上的词语（语言）能看出一个人的“思维（嗜好）”倾向。有的人惯用和语词（纯粹的日本语，也叫“训读”，可以理解为和汉语一点也不相像的日语——编者注）和平假名，有的人则大量使用拟声词，使用倾向各不相同。此外，只要看一看画在思维导图上的主题，也就是思维导图的中心内容，就能明了作者感兴趣的领域。除了这些以外，纸上的线条和文字是写得满满当当还是留出了空白和间隙，这个区别也能反映创作者的脑内状态。

在一些极端的情况下，思维导图还能“探明两个人是否投缘”。如果觉得这幅思维导图“画得不错”，那么在和它的作者交流时也不会有反感；相反，要是觉得“受不了”或“不喜欢”这幅思维导图，就算对作者的其他条件都很中意，或许还是很难加深对彼此的理解。

“思维导图都长得差不多吧？”抱有这种想法的读者，请看第2章到第4章。其中介绍了很多“鲜活”的思维导图案例，都是听我讲座的学员们提供的。每一张是不是都完全不同？如果你觉得“有两幅长得很像”，那它们一定是出自同一人之手。

如上所述，我们可以通过观察思维导图了解一个人的性格、心里话、意图、见识、思维方式、品位等各个方面。当然，只看一幅图难以准确了解所有信息，但与只靠外观和说话方式作判断相比，用思维导图来了解一个人要有效得多。换言之，不用再为了解对方而花时间花精力进行多次交流，思维导图能帮助我们在短时间内更准确地了解对方。

只要准确了解对方，就能将自己想表达的信息迅速精准地传达给对方，展开更深层次的交流。另一方面，就算对方没有说明自己的强项和弱项，我们也能用思维导图进行事先预测并加以应对，以发挥对方的强项，弥补对方的弱项。

用思维导图“传达信息”

思维导图被视为有效沟通工具的另一个原因是，它利于传达模糊的情感和感受。讲一个我的学员F小姐的故事。F小姐是一个安静而温和的人，她来学习思维导图是为了解决“不擅长主动和周围的人沟通”的问题。

讲座进行到后半部分，大家在一起讨论课题。这时，F小姐身边聚集了很多学员。原来是F小姐画的思维导图太有魅力了。她的中心图像是一幅自画像，其画技之高甚至让人以为是出自插画师之手。不仅是中心图像，连分支和上面的词语也很柔和，结构匀称。

不擅长与人沟通的F小姐将日常生活中的所思所想画在了这幅思维导图上。也就是说，其他学员不是被F小姐漂亮的思维导图所吸引，而是被蕴涵在图中的她的心声所吸引，才聚集到了她的身边。

过于为他人着想的F小姐总是无意间就打消了自己的想法。而通过绘制思维导图，她明确了自己想要传达的信息。不仅如此，用插图表达难以言表的心情并将其成功传达给周围的人的经历也增强了她的自信心。

用思维导图“分享”

“不知该如何表达现在的心情”“怎样才能让对方明白这种感受呢”，你是否也曾有过这样的时候？很多情况下，这种“难以言表”的感觉是基于我们每个人的过去经历和体会形成的，也可以说是思维的前提条件。

比如说，“忙碌”一词的使用场合也会因人而异。忙碌与否，不仅取决于办事能力和管理能力等个人因素，有时还会和平时的状态甚至过去的经历进行对比。恐怕没有人能一口咬定，“数值达到这个水平就是‘忙碌’，达不到就是‘不忙’”。即使自己毫无疑问地感到“忙碌”，但要用语言把这份感受传达给他人却是难上加难。

你或许经历过这样的事：自己觉得“不是很忙”，可周围的人却跑来跑去，直呼“忙昏了头！”这时，如果只用自己的前提条件（不是很忙）谈事情，肯定谈不拢。或许你不理解对方为什么那么着急，但对方（前提条件＝忙昏了头！）也不明白你为什么会那么悠闲。

双方的感受没有对错之分，但忽视对方前提条件的主张就可能引发不快，给对方留下“自己的想法被否定了”“他把他的意见强加于我”的印象。这样一来就谈不上相互理解了，两人的关系也会很尴尬。

对于相互理解并相互尊重的沟通而言，与对方感同身受是重要的前提。就算不能理解，也要了解对方心中所想，这是沟通的第一步。“你在忙着做什么”“有多忙”“和平时有何不同”……用思维导图进行问答就能防止自己将主张强加于人。

也许你会想，这些问题直接问对方不就好了？但两者截然不同。口头提问时，嘴里容易溜出一些“多余的话”。比如，对于“你在忙着做什么”，如果你理解不了对方的回答，是不是就很想说“你那样很奇怪”“你做错了”之类的？听到我们这么说，对方也会回击“奇怪的是你”“你做得才不对”……这样的沟通可算不上顺畅。而且，若是被人一个劲地追问“什么地方”“感觉如何”，就会产生自己在接受“审讯”的感觉。

思维导图有一条名为“1分支1词语”的规则。一根线条（分支）上只能写一个词（详见第149页）。所以，在回答“你在忙着做什么”时（在线条上写作“什么事”），肯定会蹦出诸如“家务”“学习”等单词。如果不明白对方的意思，就再引出一条线，写上“为什么”。在反复问答的过程中，我们会发现对方意外的感受，对方或许也会发现自己未曾察觉的复杂心境。

不仅如此，用“画画”代替“说话”这一点也非常重要。“画画”创造了一种倾听对方发言的氛围，将全过程记录在思维导图上，便于随时俯瞰对话的全貌。只要看一看全貌，说不定就会发现，自己之所以感到“家务很忙”，原来是另有原因。

认识到彼此在思维方式上的差异，沟通也就变得舒畅惬意。而第一步就是用思维导图了解彼此在前提条件上的不同。提出自己的想法并非一件坏事，而同时听取对方意见并找出双方的共同之处，使沟通顺利进行下去，这便是思维导图这种工具的优势。

与身边人的沟通

当我们探讨沟通的时候，对于多数人来说，沟通指的不就是与身边人的沟通吗？配偶或伴侣、父母或孩子，抑或是好友，正因是平日里和自己走得最近的人，才希望和他们沟通得顺畅愉快。同样，在职场上，与关系更近的同事和直属上司的沟通要比不常接触的人重要得多。然而，很多时候正是因为关系很近，沟通才会不如意。

无论在工作中还是生活中，沟通之所以遭遇挫折，是因为对方的本意和自己的理解出现了不一致。如果理解不了对方的意思，就会嫌沟通很麻烦；有时自以为理解了对方的意思，但还是产生了误会。小误会日积月累就会招致大的误解。

还有，在与身边人的沟通中特别要注意的是，我们会不由自主地依赖对方。“他肯定明白我的意思”“他是什么意思？算了，不想了”，这样更容易产生误会。又或是当意见出现分歧时，如果双方不太熟，还会努力寻找相同之处；然而，随着关系越来越近，两人会愈发在意彼此的差异，非但不去理解，还会产生对抗。

关系好的时候倒也无所谓，可一旦感到沟通不畅，依赖和对抗的情绪就会有增无减。为了避免这种情况的发生，请务必使用思维导图。

用思维导图消除育儿中的不安

我的一位学员的故事非常感人。

这位男士为学习思维导图，报名参加了我的讲座。他在讲座中问我：“这个思维导图能消除育儿中的不安吗？”曾当过保育员的我立刻回答：

“效果很好的。它能帮我们客观地看清产生不安的原因并找出解决问题的方法。”

仔细一问才知道，这位男士的孩子刚6个月大，妻子对育儿感到非常不安。担心妻子的他想着思维导图或许能消除育儿中的不安，于是来听讲座。

虽然他的妻子从未来听过思维导图的讲座，但这并不是说思维导图无法帮她消除不安。事实上，丈夫和她一起画了思维导图，就帮助她消除了育儿中的不安。

在这对夫妻的例子中，丈夫认为：“孩子出生后，妻子很怕育儿方法不科学，变得有些神经质。我要少插手，尽量让她按照自己的方式去抚养孩子。”于是很少干预妻子。另一方面，妻子却觉得很不满：“孩子出生后，丈夫总是希望我做一个理想中的母亲。我想继续维持二人世界时的温馨甜蜜，同时体验育儿的乐趣，两个人一起商量把孩子养育成什么样的人，可他却让我‘想怎么做就怎么做’，就好像放弃了做父亲和做丈夫的责任。”

在育儿阶段，夫妻尤其会对对方抱有过多期望。由育儿困惑导致的不安往往使感情不再宽容，向对方提出的不满和要求越来越多。这时，只要夫妻二人一起画一画思维导图，了解彼此想做的事和希望对方做的事，就能建立相互尊重、相互体谅的夫妻关系。

用思维导图提高亲子间的对话能力

在成立公司之前的20年间，我一直从事保育员的工作。现在，我还积极开设了思维导图的亲子讲座。在这些经历中，我观察了很多父母和孩子，发现良好的亲子关系中都充斥着相互理解与尊重的氛围。

反之，僵持的亲子关系经常存在这样的情况：父母把自己的意见强加给孩子，或者不分青红皂白就拒绝或否定孩子的意见。如此一来，孩子自然也会想去顶撞父母。

多数家庭在孩子上幼儿园或保育园的时候会接送孩子，也就便于掌握他们每天都做些什么。可是，等孩子上了小学，朋友圈子越来越大，父母渐渐对孩子的生活缺乏了解。就算问他们“今天干了什么？”得到的回答也只有“玩了游戏”或“去了○○”，对话很难继续下去。双方逐渐嫌对话很麻烦，父母对孩子愈发不了解……这种问题时有发生。

还有一种家庭，孩子很喜欢和父母聊天，但父母没有精力陪孩子。结束工作拖着疲惫的身体回到家后，还要认认真真听孩子说话，确实不容易。一不小心就把孩子说的话听漏了，回应也变得敷衍。可是，孩子对父母的这种态度非常敏感。如果只能得到父母敷衍的回应，孩子也会觉得没意思，渐渐地就什么事都不说出来了。

话虽如此，父母要是主动提出过多的问题，也会打乱孩子的说话节奏。不只孩子如此，如果你在难得聊天聊得兴起时，有人总是打断你，想必你也会觉得很烦，兴致大减，甚至可能还会扔下一句“算了，够了！”就不再聊了。

在关系变僵之前，我建议父母务必和孩子一起画一画思维导图。不用把它想成“改善亲子沟通的途径”之类很高深的技术，只要把思维导图当作一种了解孩子的行为、思考和感受的工具即可。不用说，强迫最要不得，应选择孩子愿意积极参与的主题，让他自由地绘制思维导图。

我特别推荐用思维导图总结学校活动的经历，比如“运动会”或“郊游”。像“学校的事”“快乐的事”这种抽象的主题对孩子来说难度较大，很难激发出孩子的想象力和语言。建议准备一些能具体回忆起来并且画起来很愉快的主题。

一位家长告诉我，听完亲子讲座后，她的孩子把在林间学校的经历做成了思维导图。这位母亲说，通过画思维导图，她对孩子的生活和喜好有了更多的了解："比起篝火晚会之类的活动，他的线条更多是关于吃的东西。这点很像我家馋猫儿子的风格。"

还有很多家长经常问我如何用思维导图提高孩子的学习成绩。但我认为，辅助学习是其次，快乐画图才最重要。等孩子愿意主动绘制思维导图后，再提示他，"这个是不是也能用在学习上啊？"这种做法更容易被接受，孩子也会乐在其中。

填补隔阂的思维导图

你是否有过这样的经历：自己不经意间的一句话被对方理解成了不同的意思，而感到不知所措。若只是轻松地聊聊天，倒也可以一笑了之，但有时候小误会也会招致更大的误解。

比如，听到有人说"最近总是睡不好"时，你会想到什么？你可能会想，"是开心事太多，兴奋得不想睡觉吗""也许是工作太忙，连睡觉的时间都没有"，而实际上可能却是"附近半夜在施工，睡得不踏实"。

制作思维导图就是将一个主题分解成多个部分（主支），再把每个部分进一步分解为细线（分支）。比如说，从"苹果"这个主题最初可以分出"水果""红色""圆形"等主支。然后，可以从"水果"再分出"香蕉""橘子""西瓜"等其他水果的分支。接下来，"香蕉"又分成了"长的""黄色"等分支……思维导图就是分解的不断重复。

也可以说，制作思维导图就是思考给任何事物划分分支的过程。养成这个习惯后，我们就不会在日常交流中只抓住对方的表面意思了。要是朋友说“最近总是睡不着”，我们会想“怎么会这样呢”“是什么原因导致他睡不着呢”“他之前说附近正在建公寓，也许是被噪音吵得睡不着吧”，像这样展开想象，不断挖掘下去。

另外，思维导图能够清晰地反映出自己的思维模式。通过思维导图，我们能切身体会到自己的思维和他人相比有什么独特或创新之处。这样我们就会认识到，其他人的思维模式也各有特点，人的思维并非千篇一律。从“苹果”出发，有人会分出“水果”“红色”“圆形”等分支，有人则会联想到“果汁”“馅饼”“糖果”。

只要通过思维导图成功地体会到这种差异，我们就不会只靠自己的理解习惯去认定或判断。就算是一句无心之言，我们也会思考“他这句话是什么意思”，并对对方的“脑内地图”充满兴趣。

无论我们再怎么为对方着想，如果想偏了，沟通就无法成立。纵使我们绞尽脑汁思考“他肯定是这么想的”“如果是我的话会这么想”，但自己和他人心中所思所想的差别之大，远远超乎我们的想象。如果只凭推测冒进，可能会使二人关系出现巨大的裂痕。

而能够协助双方磨合的正是思维导图。前文介绍的那位妻子陷入育儿不安的男士在事后发来了这样一封邮件：“我们明白了彼此现在的想法以及希望对方做的事，并且一起积极地讨论了今后该怎么做。这次经历让我再次深刻地体会到思维导图作为沟通工具的伟大之处。”

掌握思维导图，就具备了探知所有可能性和更加具体地思考问题的能力。称其为“无边无际的思考能力”也不为过。不要因为“说了对方也不明白”或“不知道对方在说什么”而急着放弃，让我们用真正理解与认真倾听来缔造零误会的优质沟通吧。

思维导图的基础知识

绘制思维导图需要遵循一些规则。倘若你想“现在就动手画一画思维导图”，请直接跳到第5章去学习详细规则。

但是，如果你想先了解一下思维导图是什么、怎样运用到日常生活中、如何改善沟通质量的话，本节介绍的基础知识就能解答你的疑问。

那么，我就对照着本书最前面的思维导图来做一个简单说明。这是一幅介绍我自己的思维导图。我画这幅图的目的是让各位读者了解我是一个什么样的人（看过后你就会发现，我除了思维导图之外还进行教练式培训［coaching］和育儿支持工作）。

原则上，思维导图画在A4或A3大小的白纸上，纸张横着摆放（熟练后也可以画在手账上）。位于中央的是表现主题的“中心图像”，它是思维的出发点。

我经常拉着行李箱外出讲座，所以就画了一幅拉着行李箱的自己。不过，中心图像不一定非得是图画，也可以贴上照片，或者只用文字和抽象的图形。

从中心图像向四周伸出的弯弯曲曲的线条就是“分支”。它用来分解主题，引导我们的思维。直接与中心图像相连的粗线名为“主支”，是对主题进行的第一次分解。从主支联想到的事项就作为主支下的分支不断分解下去。

分解完主题后，在每条分支上用“词语（语言）”写下该分支的内容。这一步有一条重要规则，即“1分支1词语”。举个例子，如果要在“苹果”下面延伸分支，我们不能分出一支“红色的水果”，而要把“红色”和“水果”作为两个不同的分支。“红色的水果”会限制接下来的思维，但“红色”和“水果”的联想范围是无止境的。

此外，如你所见，思维导图中使用了很多种颜色。这不是因为它的作者（也就是我）喜欢五颜六色的图画，而是因为使用多种颜色是思维导图的一条重要规则。总之就是要五颜六色！实际上，用不同颜色区分不同的主支，整体结构就会一目了然。而且，一边思考“接下来要用哪种颜色”一边绘制思维导图的过程也是乐趣十足呢。

另一条重要规则就是“层次化”。请观察一下我画的思维导图。从中心图像伸出的5条主支比其他的分支要粗得多。而且，与主支直接相连的分支也比较粗，再往下的分支则是用细笔芯的笔画的。

像这样体现出层次感，重要程度就会一目了然。反过来说，绘制思维导图就是把重要元素逐渐分解为细小元素的过程。而且，当我们有意识地突出层次感后，思维导图就能清晰地呈现出整体结构和层次。

希望大家能对以上这些规则有个大致的了解。这幅思维导图是我以培训师的身份画的一幅“范本”。从下一章起，我将为大家介绍一些普通人画的思维导图，这些图中有很多值得参考的地方，它们将告诉我们如何在实践中遵守以上这些基本规则，或者怎样根据实际情况作调整。

介绍思维导图的思维导图

在这个案例中，作者选择思维导图做主题的理由很是吸引人。老少皆宜，也就是说适用于任何主题，难度也可以因人而异，所以才能轻轻松松地画下去。

案例中的T先生就是在轻松画图的过程中，逐渐掌握了思维导图的技巧。

T先生（40多岁，公司职员）

这张思维导图的主题是“思维导图的魅力”。

中心图像的主旨是“瞧，谁都能轻松画出来”，共有4条主支：“（思维导图）是什么”简要说明了思维导图的特点，“我心中的……”介绍了我心目中的思维导图，“所处环境”介绍了我应用思维导图时身处的环境，“实践”记录了我今后打算怎样使用思维导图。

有一段时间，我患上了一种疾病，心情也跟着低落。在这样的日子里，我开始每天画一张思维导图，记述自己的心境和想做的事情。这个绘制思维导图的习惯使我正视自己、正视未来。现在我的每一天都生机勃勃，其中也有思维导图的一份功劳。

我还把思维导图介绍给了公司的同事。在同事组织的外部谈话活动

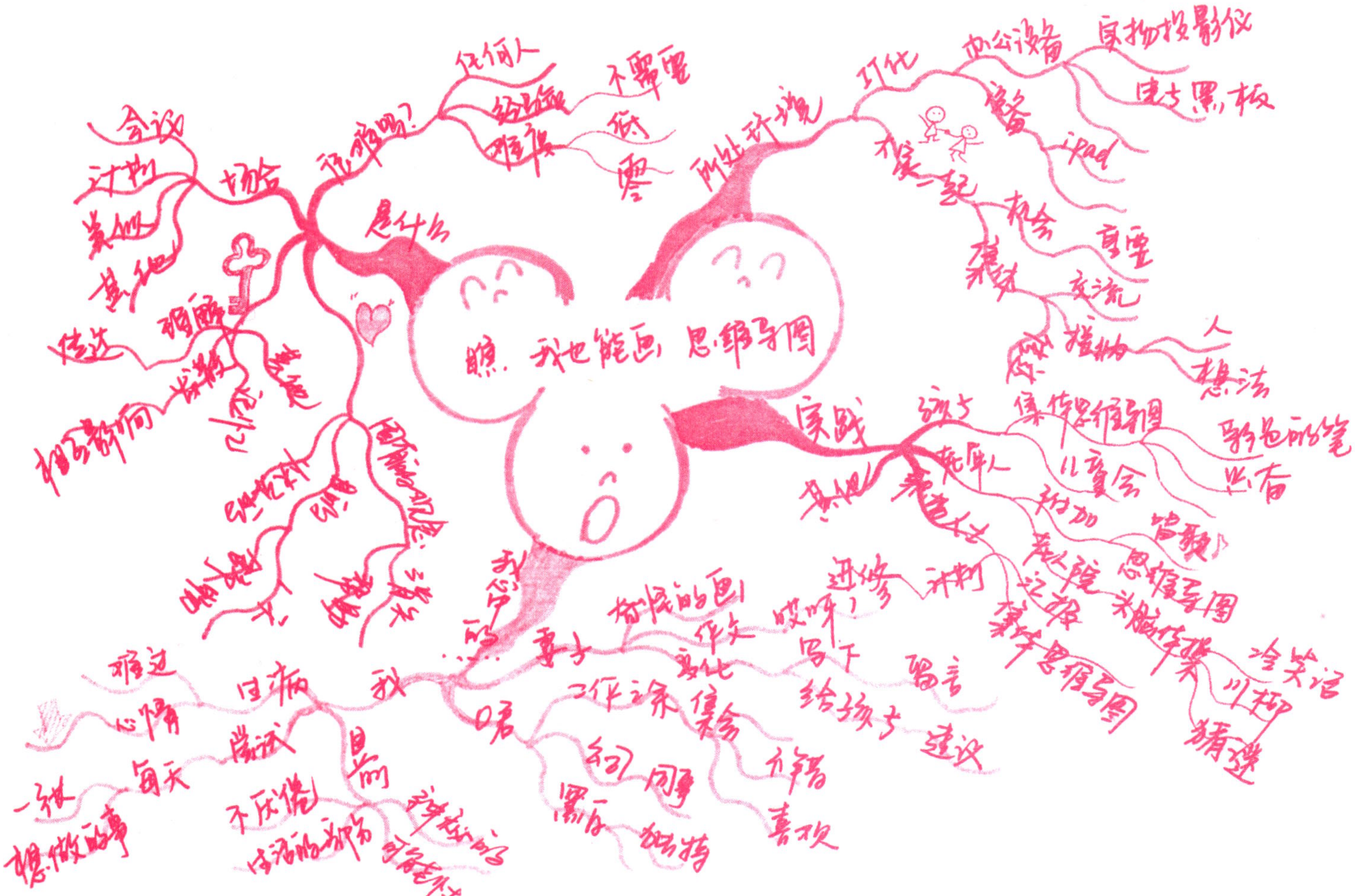

瞧，我也能画思维导图
是什么
场合
会议
计划
所处环境
办公设备
实物投影仪
iPad
人
想法
实践
孩子
儿童会
参加
思维导图
冷笑话
作文
写下
建议
我
每天
一张
想做的事

中，思维导图作为活跃谈话气氛的手段而大受好评。

在家里，我也使用思维导图。就连起初对陌生事物抱有疑问的妻子也体会到，思维导图能帮助孩子写作文和读后感。现在，妻子总会教导孩子们“先画一画思维导图”。

思维导图在各种场合都能大展身手。今后我要把它的魅力告诉更多的人。

时刻保持积极乐观的态度，对任何事情都能热情投入，这样是再好不过。但这只是理想的状态，在现实社会中很难实现。“真是一点干劲儿也没有啊”，像这样叹口气发发呆，时间一下子就过去了，然后就会愈发讨厌荒度时间的自己。到了不得不开始做的时候，又会因时间太紧而达不到令自己满意的结果。

这种时候，用思维导图想一想“自己要做些什么”，就会找到“容易突破的部分”，也就能燃起“先从那里开始做起”的动力。用心画一画分支，涂一涂颜色，这些简单操作的重复也能使我们烦躁不安的心平静下来。

在不断重复一种模式的过程中，心里会产生工作的意愿，从而进入工作状态。这种感受想必很多人都深有体会。

据T先生说，他曾坚持每天在A6尺寸的手账上画思维导图。说不定小巧的纸张也让他感到轻松。对于那些写几天文字日记就坚持不下去的人来说，如果改写简单轻松的思维导图日记，肯定就能坚持下去。思维导图的应用范围很广，适用于各种难度的主题。我们还可以根据心情和身体状况制定主题，所以容易坚持下去，这也是思维导图的一个优势。

2

大家的思维导图

应用实例①　日常生活篇

上一章讲了很多关于思维导图有助于日常生活的道理，但最直观易懂的还是展示实例。从本章开始，我将介绍许多在日常生活中使用思维导图的实际案例，并在此基础上讲解思维导图具体可以用在哪些场合。

思维导图没有适用不适用一说，它可以应用到任何事情中。虽说如此，很多学员还是会在讲座上问我："这种情况也可以用思维导图吗？"为了让大家放心地将思维导图应用到生活中的各种场合，我将介绍各种人绘制的各色各样的（名副其实的五颜六色！）的思维导图，希望大家在欣赏中得到启发。

首先介绍的是在个人生活中活用思维导图的案例。从紧急情况下的思维导图到用来决定午饭去哪儿吃的思维导图，每一幅都充满了浓郁的生活气息。

应对紧急情况的思维导图

我要介绍的第一幅思维导图是在非常时期的家庭沟通中诞生的。

这是一场非同寻常的大地震。地震发生后，我与提供案例的I先生也失去了联系，一直放心不下。I先生住在宫城县，2011年3月11日大地震发生后不久，我看到他发到推特上的消息，才长舒了一口气。

不知是他的手机在地震中磕坏了还是信号不好，I先生只上传了照片，没有留言。照片反映出的地震的巨大影响让我倒吸了一口凉气。家里的大件家具东倒西歪，碗柜里面也是凌乱不堪，碗盘简直就像全被“倾倒了出来”。I先生家中还有一个上小学的孩子，得尽快把屋子收拾整齐才行，可是，当时的状况肯定让人不知该从何入手。

总之，当晚先“腾出睡觉的地方”，次日早上，夫妇俩就今后的计划画了一张思维导图。下面是I先生本人的描述。

I先生（40多岁，公司职员）

这幅思维导图是我在3月11日大地震发生后的第二天和妻子一起画的。粗线条的部分是在灾后稳定下来之后画上去的。

3月12日，宫城县大崎市（西北部）的生命线被切断，得不到任何信息。全家人一筹莫展，不知该如何是好。这时，我们找来了白纸和圆

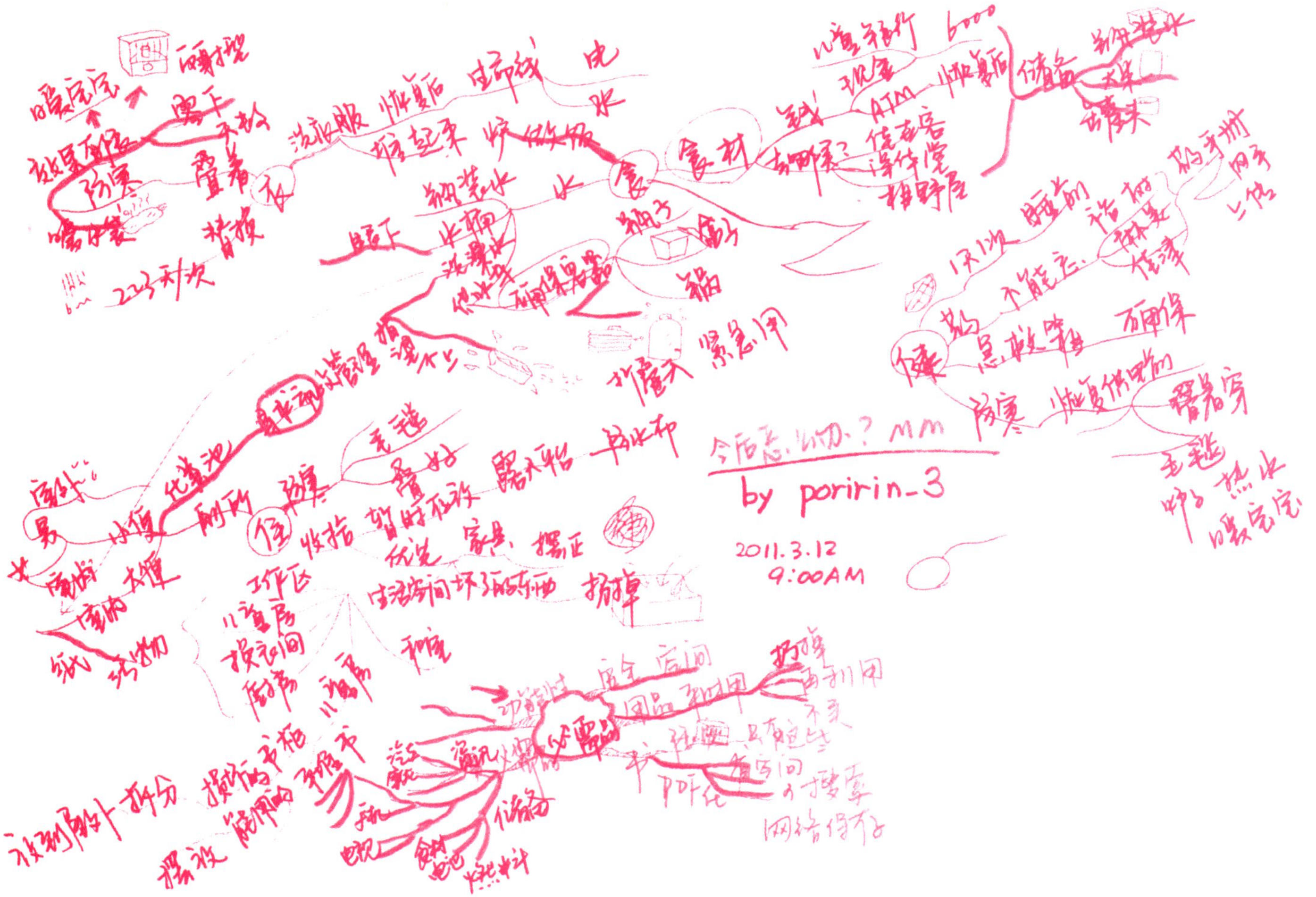

今后怎么办？MM
by poririn_3
2011.3.12
9:00AM
衣
食
食材
住
健康
ATM
现金
6000

珠笔放在桌上，从“衣”“食”“住”三个方面思考了眼下的行动计划。我们把画好的思维导图贴在墙上，在生活中随时拿来参考。

越是在这种时候，只要清楚该做什么，人就会感到心安。出门上班的我倒也还好，而对于留在家中负责打扫和照顾孩子的妻子来说，这幅图就是她的定心丸。

粗线条的补充部分是我们回顾了这几个月经历之后的心得体会。之所以添上“最低限度的需要”，是考虑到今后可能还会发生较强的余震。我们仔细斟酌家用和储备，去掉“赘肉”，以精简生活为目标下了很多功夫。

思考了生活所需的最低限度后，接下来再发生强烈地震时，就知道地震发生后最先需要些什么了。

今后该怎么办?

将思维导图应用到紧急情况的优势还当属对全局的把握。把握全局能使人迅速冷静下来。在容易贸然行动的情况下，与其心神不宁地莽撞往前冲，还不如明确“什么事该做”，确认“优先级”和“可行性”，这样更能冷静地应对紧急情况。

或许有人会觉得，“非常时期根本顾不上思维导图的规则！”但我认为，划分颜色的效果非常显著。尤其是后来用粗线条补充上去的部分记录了补充时的变化和恢复平常生活后的所想、不断经历余震的所感、对今后生活的再确认等。I先生的家是全电气化住宅，在恢复供电之前一直靠从外面找来的取暖设备御寒，生活很不容易。这些回忆都用圆珠笔写在图上，一目了然。

将中心图像分为“衣”“食”“住”三个部分，或许是因为这样更方便讨论。没有规则规定“中心图像只能有一个！”一张纸上可以有多个中心图像。当然我们也可以画一个大大的中心图像，从中分出“衣”“食”“住”三个主支，选择自己习惯的方法即可。我想，在I先生的案例中，多个中心图像有助于转换心情，使他们更加冷静地思考问题。

随处可见的表情插图肯定缓解了一家人的紧张情绪。在屋外上厕所，这个决定在今天的日常生活中是很难想象的，想必I先生也花了不少时间才得到了孩子的理解和接受。在困惑与不安交织的复杂心境下，点缀一些插图可以使家人更容易体会彼此的心情。

在这种情况下，比起全文字式的记录，插图能更好地传达心情，也能缓解当时的气氛。

用思维导图制作购物清单

接下来是一种在每周末绘制的思维导图。

N先生（40多岁，公司职员）

我每周和母亲去采购一次生活用品。乡下生活不方便，忘买了什么再想补买很麻烦，所以我会在出门前列一个清单。每条主支是不同的商店。不过，我画思维导图只是为了“记下来提醒自己”，如果是采购时带在身上的清单，或许还是分项列表更便于核对。

另外解释一下，“佳世客”（JUSCO）下面之所以分出了一个“上新”（Joshin），是因为那家佳世客里面入驻了上新的店铺（顺道一提，最近佳世客改成了永旺）。

其实，这样使用思维导图的人不在少数。案例中的思维导图是用于采购的，不过，它也可以用来记录日常生活中的琐碎小事，有人还用它制定旅行计划。案例中的N先生总是在出门采购前画思维导图，我觉得也可以在冰箱上挂一块白板，想到什么就随时补充上去，这种用法也会很有成效。

此外，如果采购次数频繁，还可以把菜单作为主支。假设主支是沙拉，

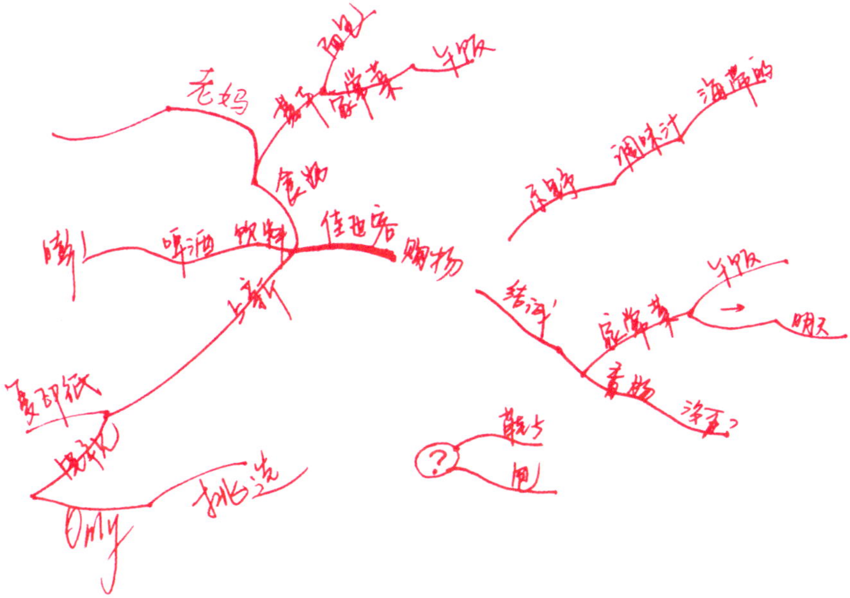

就把它分解成各种所需食材（生菜、西红柿、黄瓜等），甚至还可以添上制作步骤，让思维导图兼具菜谱的功能。这种用法会带来许多方便。

直接在单词外侧打钩或事先画出小方框，思维导图就还能变身成核对清单。需要补充的东西可以换用其他颜色记录或者圈出来。思维导图的另一个优点就是想到什么随时都能自由补充。往写好的分项列表上补充内容难免会影响列表的整齐度，而思维导图只需轻轻松松延伸线条即可。

这种日常生活中使用的思维导图也值得一试。

回顾自己的思维导图

下面这幅思维导图关注的是“自己的时间”。

在为本书搜集案例的过程中，很多案例提供者对我说：“我想起了当时（画思维导图时）的心情”“重新看一遍，又有了新收获”。分项列表的笔记很少会触动人的感情，但思维导图具有使人回想起“彼情彼景”的功效。

K先生（40多岁，公司职员）

围绕着“自己的时间”，我思考了自己的过去、现在和将来，并把它们画了下来，以帮助自己理清以往做过的、现在正在做的以及今后打算做的事。

这幅图是我在刚开始学思维导图的时候画的。当我打算试着画一幅思维导图时，第一个想到的就是时间。我对时间管理一直很感兴趣，我在就职的第一家公司就曾经下功夫改善自己的工作方法，把加班时间缩短至原先的一半。

决定以时间为主题时，我正好看到了戴在手上的精工（SEIKO）手表，便突发奇想：“中心图像就是它了！”我划分了4条主支，分别是“过去”“现在”“未来”以及跨越这三者的“跨越”。

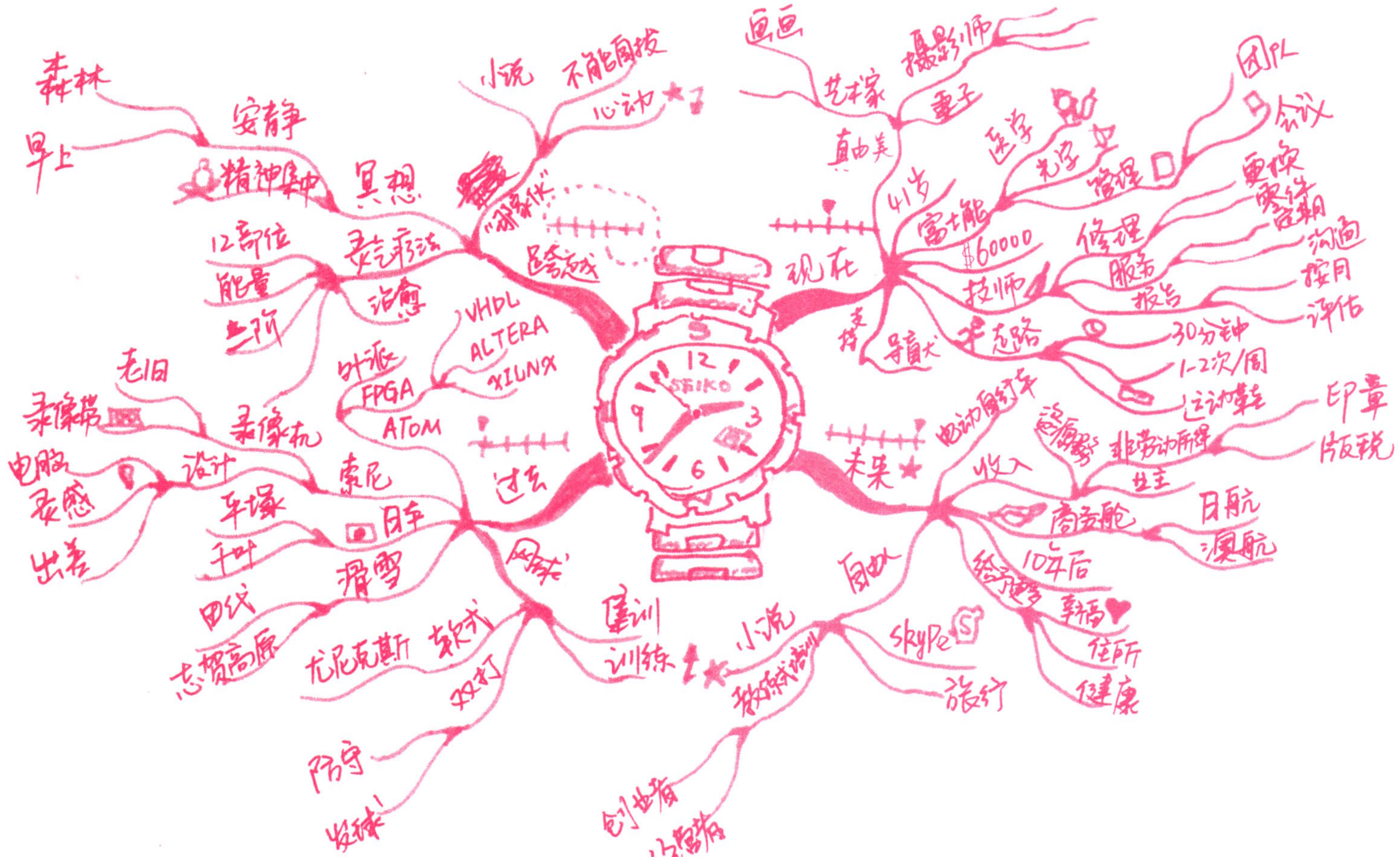

过去
现在
未来
感觉
SEIKO
12
3
6
9
森林
早上
安静
精神集中
冥想
灵气疗法
12部位
能量
三阶
治愈
小说
不能自拔
心动
"录像机"
跨越
VHDL
ALTERA
XILNX
FPGA
ATOM
老旧
录像带
录像机
设计
电脑
灵感
出差
索尼
日本
车缘
千叶
滑雪
田代
志贺高原
尤尼克斯
软式
双打
防守
发球
集训
训练
画画
艺术家
摄影师
真由美
王子
41岁
富士能
医学
光学
管理
团队
会议
$60000
修理
服务
报告
技师
更换
零件
定期
沟通
按月
评估
支持
导盲犬
走路
30分钟
1-2次/周
运动草鞋
电动自行车
收入
非劳动所得
印章
版税
业主
商务舱
日航
澳航
10年后
给予
幸福
住所
健康
自由
小说
Skype
旅行
创业者
经营者

一旦把自己的历史画成思维导图，昔日的场景便源源不断地涌现了出来。例如这条名为“那家伙”的分支。“那家伙”是一位作者书中出现的词。看到这个词时，我想起了他书中的片段和自己读到此处时的心境，仿佛自己正在一旁眺望着那时深受触动的自己。

还有“索尼”。我就职的第一家公司是索尼的子公司，所以每当看到索尼这个字眼，脑海中就会浮现出当初一起入职的同事、一同共事的前辈、一起负责设计的总部的同事、为期一个月的马来西亚出差、和朋友一起去唱卡拉OK等回忆片段。工作虽然辛苦，但让我受益匪浅。我再次意识到，索尼的那段工作经历如今依旧是我的宝贵财富。

最后说说“网球”。初中时，我一心沉迷于网球，甚至把学习也晾在了一边。网球这个词对我来说指的是软式网球。

初中时的晨练；严厉的教练老师；比赛落败被人用推子剃了光头；在最后关头战胜了其他学校的强队；在东北大赛上和转学前的初中友人重逢（他们也晋级了）；给网球涂上荧光涂料，在光线不好的傍晚还尽情挥舞球拍……无数段回忆画面历历在目（写这篇文章的现在亦是如此）。

我体会到了梳理那些尘封往事和未来计划的乐趣。从过去到未来，以及贯穿各个阶段的所想所感都尽收在一张纸上，一目了然。我觉得这是思维导图的一个很大的优点。

这幅思维导图包含过去、现在、未来和跨越四条主支。仔细一看，我发现这四条主支下的内容完全不同。也就是说，随着时间的推移，我所做的事确实一直在发生变化。

到现在我才意识到，这幅思维导图中的过去、现在和未来之间分别相隔了10～15年。这或许意味着，每过这么一段时间，人就会发生巨大的转变。连我自己也没有料想到，自己写下的内容竟然丝毫不重样。

跨越指的是希望自己一直持有且今后依旧保持不变的观念。思维导图使我再次意识到自己确实在按照这种观念行动。我一直刻意给自己留出一段安静的时间，并决心在“那家伙”到来前发奋努力。

用思维导图回顾往事时，经常会想起曾经一度忘却的记忆。这是因为思维导图利于联想。人对某件事的记忆并非孤立，而是和各种信息捆绑在一起的。“那时”的情景不仅有画面，它和味道、声音以及肌肤的触觉等感受一起存放在记忆的抽屉里。

只要回想起这些周边信息，记忆本身就会愈发鲜明。很多人在此过程中回想起曾经忘却的关键记忆或成功经验，从而重拾对未来的信心。如果要寻找自己的长处（有自信的地方）或者回顾至今为止的人生，思维导图将是很有用的帮手。

避免拘泥于细节，引导从全局思考——这也是思维导图的优点之一。

用思维导图开家庭会议

接下来是一家人用思维导图商量事情的案例，说得夸张点就是“家庭会议”吧？想象着全家人围在一起你一言我一语的情景，就觉得非常温馨。

O先生（30多岁，公司职员）

休息日中午去哪儿吃？对此，全家人迟迟无法决定，于是画下了这幅思维导图。在我家，“午饭＝拉面”，但每个人喜欢的拉面种类各不相同。而且，我们攒了不少折扣券、饺子兑换券和优惠券，想把它们用掉。再者，孩子们下午还要上游泳课，所以车程必须限定在30分钟之内。

充其量不过是顿午饭，但我们希望每次全家聚餐都能吃得开心，所以要征得全体成员的一致同意。考虑到条件涉及好几个方面，我们就画了一幅俯瞰全局的思维导图，希望借此理清思路。

喜好、时间等条件比较复杂，但在用思维导图纵观全局后，我们发现必须把“时间”分支放在首位。在此基础上，我们很快就从“时间”下面的店铺中找出了能用折扣券的店。之所以没花太长时间，是因为我们考虑的是客观条件而非主观喜好，而且从结果来看，在符合时间条件的店中，只有一家能使用折扣券。

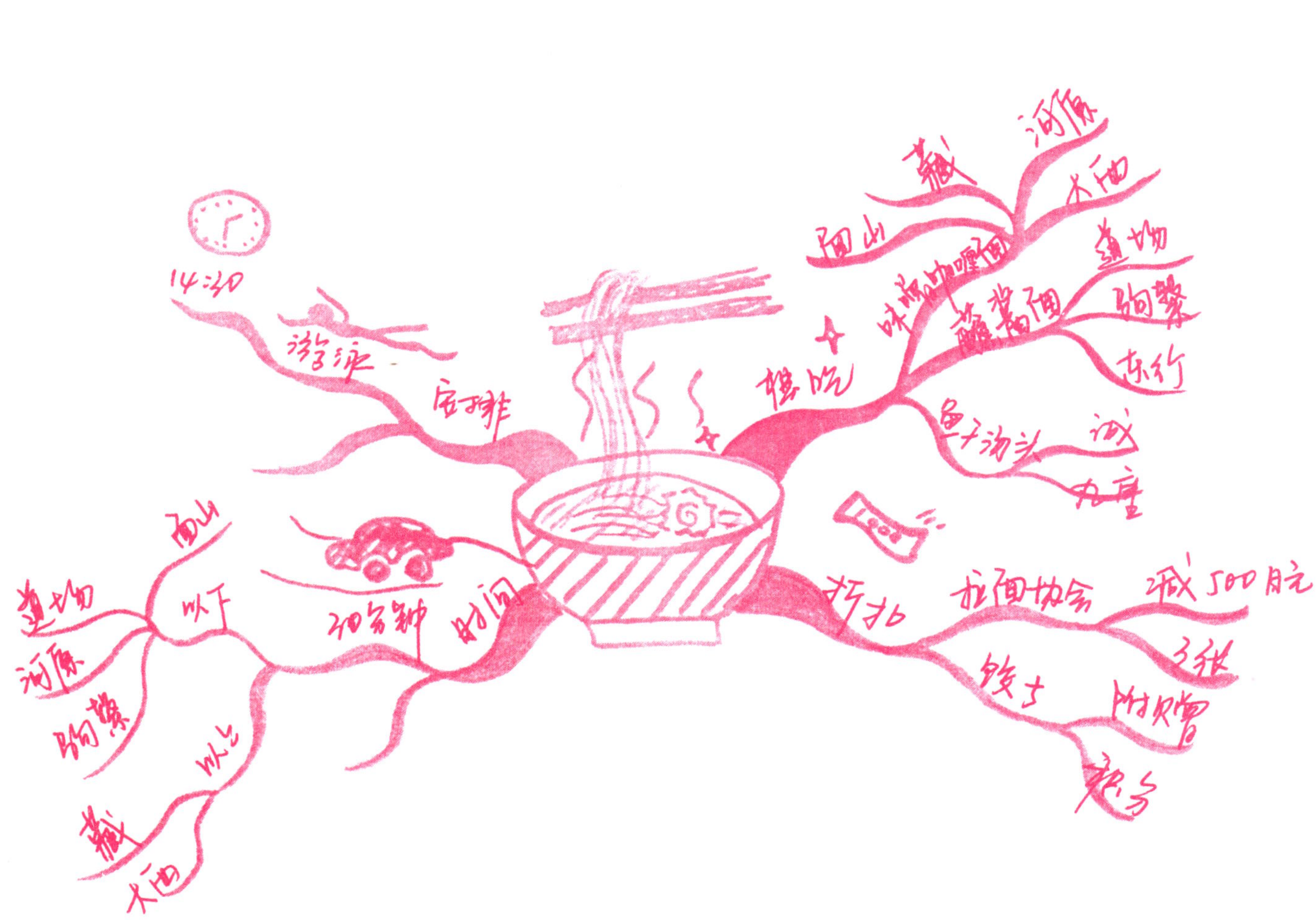

14:30
安排
时间
30分钟
以下
以上
面山
道场
河原
藏
大田
打折
拉面协会
减500日元
3张
饺子
附赠
积分
鱼骨汤头
咸
味噌咖喱面
东行

作出决定后，我们才发现这是一个明摆着的结论，可当初我们一心只想着吃自己喜欢的拉面，这种对食物的欲望使大脑停止了思考。通过这次“选择拉面店”的经历，我们体会到，对一件事情持不同看法的几个人在商讨时，思维导图能派上很大用场。

或许很多人会感到惊讶：“思维导图还能这么用？”前文中我多次提到思维导图的使用不分场合，想必现在你也有所体会了。

另外，上小学后的孩子和在幼儿园或托儿所的时候有所不同，他们开始拥有自己的想法，但他们不可能像大人那样考虑到各种情况，所以总是以自我为中心。即使大人作出的结论考虑得很周全，孩子也不一定能够理解,甚至还会感到不满。但只要仿照这个案例用思维导图理清“必须顾及的因素”，就能得到孩子的理解。如此一来，孩子就不会再抱怨决策不够透明，还能找出让全家人都满意的答案。

O先生家的主题是休息日的午饭，我认为，思维导图上的插图使得孩子的思考更加具象。在决策阶段引入插图，有助于培养孩子的思维能力和判断能力。

家庭旅行计划的思维导图

很多学员向我汇报，他们把家庭旅行的目的地和行程安排画成思维导图，并因此收获了更加愉快的家庭旅行。让我们来看两个用思维导图制定家庭旅行计划的案例。

D先生（40多岁，公司职员）[上]

3年前，大儿子还在上小学时，我们决定趁着孩子还能享受儿童票，全家去北海道旅游一趟。

以往我们旅游总是往北海道的东边走，但这次准备去北部，于是先画了一张小型思维导图，列出了在北海道北部“想做的事”和“想去的地方”。接下来，我们在中心图像上花了很长时间。记得那时我不擅长画画，但一想到心心念念的北海道，就源源不断地浮现出各种画面，自然而然地就把它们画了下来。先在左上方画下“目的地”的主支和“出发”及“返回”的分支，再按顺时针方向把每天的日程安排分支画了出来。

最后，为避免准备中出现遗漏，我们又加入了“携带物品”和“待定事项”（预约和日期）的分支。在思维导图的帮助下，我们把必要事项一个不漏地筛了出来。家庭会议的气氛很火热，计划也制定得非常顺利。思维导图还让我们注意到行程安排得有些紧凑，使我们得以及时调

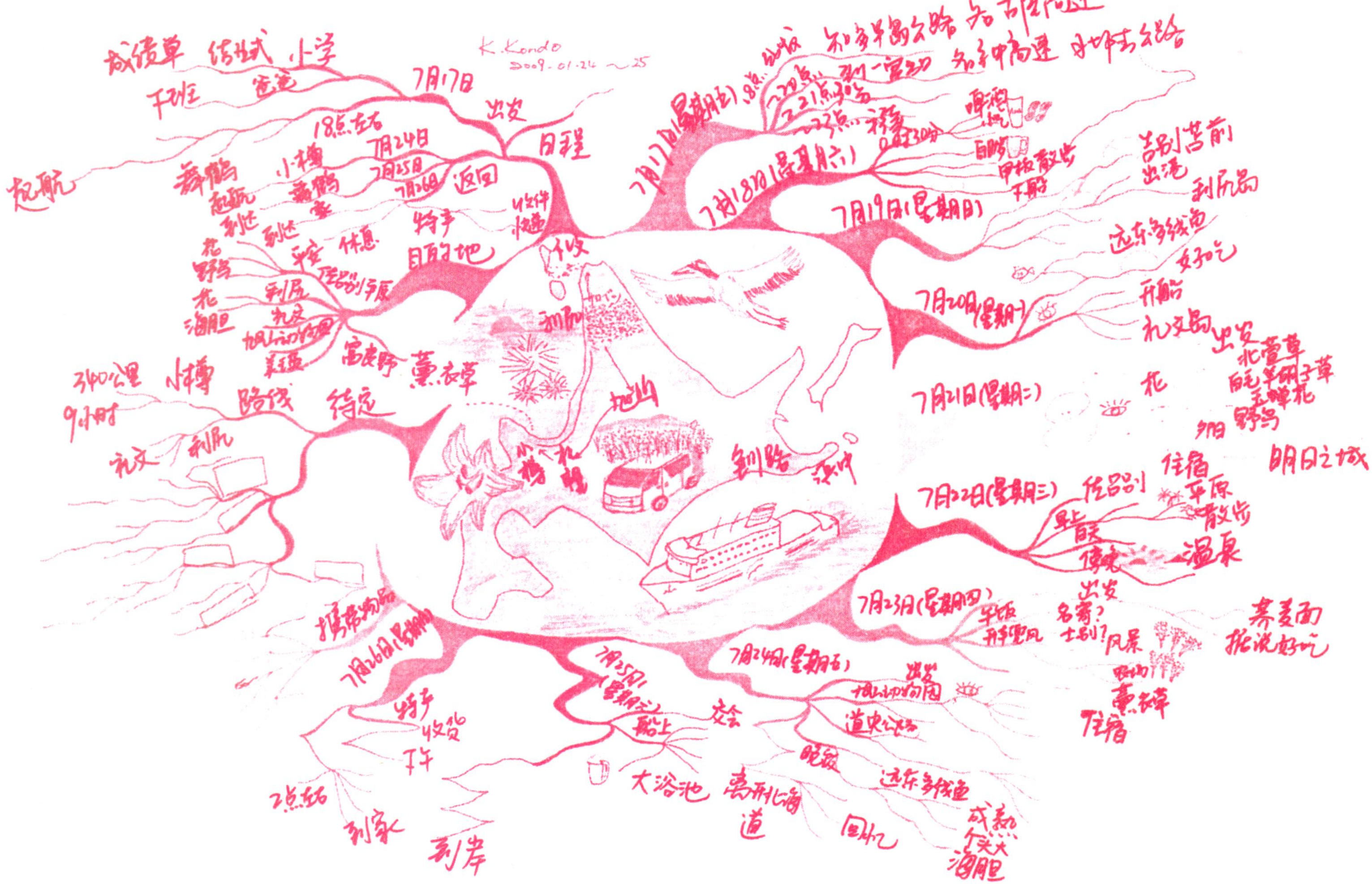
K.Kondo
2009.01.24～25
7月17日
出发
日程
成绩单
结业式
小学
下班
18点左右
7月24日
7月25日
7月26日
返回
起航
休息
目的地
富良野
薰衣草
路线
待定
340公里
9小时
小樽
札幌
旭山
钏路
7月18日(星期六)
7月19日(星期日)
7月20日(星期一)
7月21日(星期二)
7月22日(星期三)
7月23日(星期四)
7月24日(星期五)
7月25日(星期六)
7月26日(星期日)
甲板散步
利尻岛
远东多线鱼
礼文岛
出发
花
住宿
平原
散步
早上
傍晚
温泉
明日之城
午饭
风景
荞麦面
据说好吃
薰衣草
道央公路
晚餐
回忆
海胆
船上
大浴池
离开北海道
到家
到岸
利尻
礼文

整方案，把行程安排得更加宽裕。

在这次接到提供案例的邀请后，我时隔两年半回顾了这幅思维导图。分支上的每个词都勾起了当年的回忆，那时的快乐记忆清晰地浮现在眼前。介绍思维导图的书中曾说它有助于回想，现在想来确实不假！

N先生（40多岁，讲座讲师）[下]

我们家每年暑假都组织家庭旅行，但总是很难决定目的地，而且不事先明确具体的行程内容，有时就会因此玩得不够尽兴。这次借着两个孩子分别升入初二和小学四年级的机会，我打算制定一个让大人孩子都能乐在其中的旅行计划，于是决定全家人群策群力，共同决定目的地和行程安排。

不过，你一言我一语，进展很不明显。于是，我决定用思维导图制定计划。我认为思维导图的一大优点就是让全家人不仅“说出”自己的意见，还能清楚地“看到”其他人的意见，从而激发出更多想法。制定的计划虽然简单，但成功地避免了在思维上绕远路，而且让每个成员都参与了进来。

此外，对孩子们来说，用思维导图制定计划也是一次新鲜的经历。他们用手指出自己同意的分支，给大人们的计划提出了自己的意见。

我们用“环境”“经历”和“方向”这三条主支决定目的地。“气候凉爽”“没有去过”“有温泉”而且“在北边”……基于这些条件，我们最终决定去“长野县的白马”。然后，我们通过“兴趣”和“体验”这两条主支决定“照一张全家福”“去美术馆欣赏美术作品”。关于在白马的行程安排，我们选择了能拍到稀有高山植物的“白马五龙高山植物园”、长野奥运会的比赛场地“白马跳跃体育场”，以及品尝当地特色美食“荞麦薄饼”。

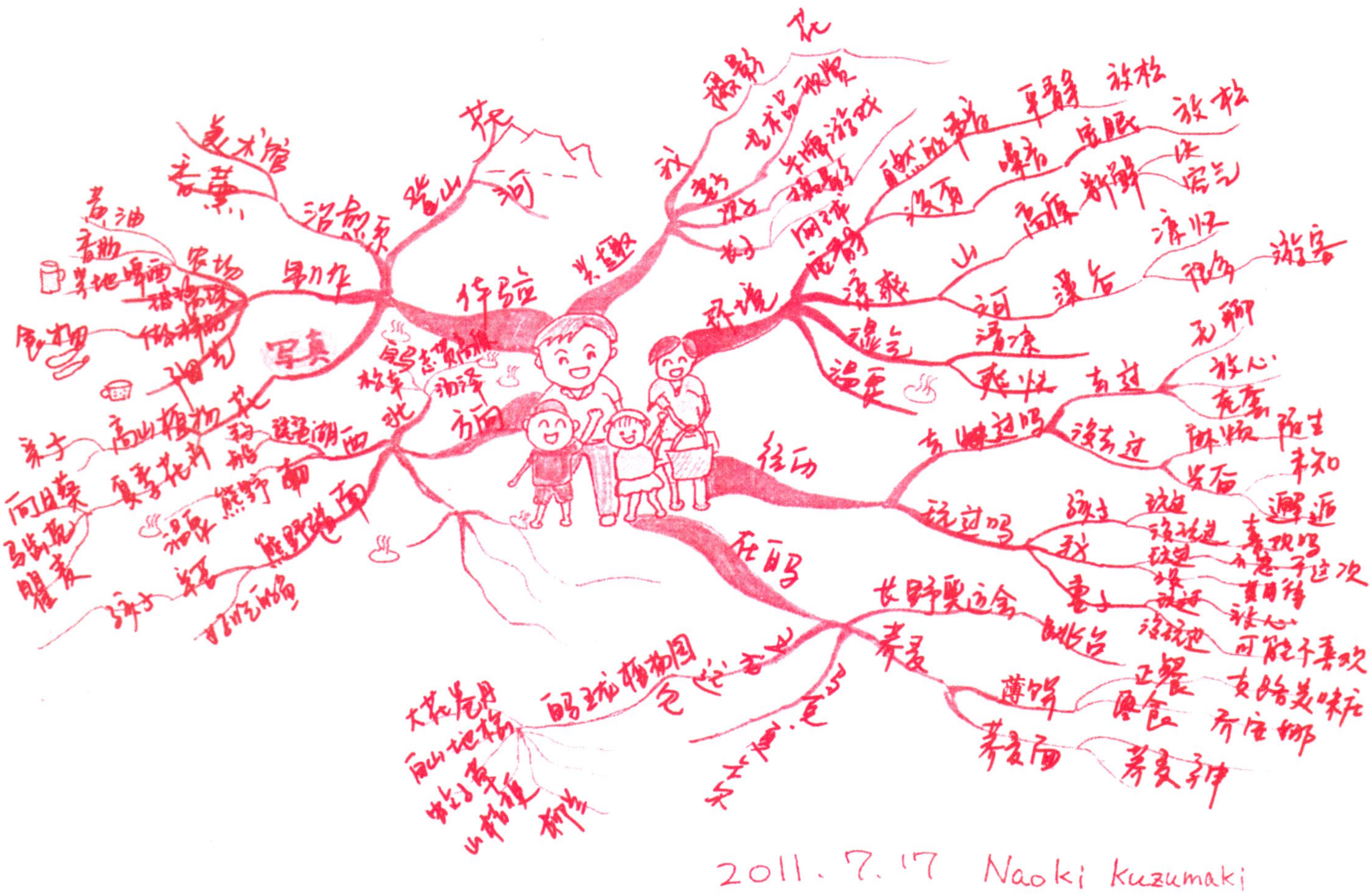
体验
兴趣
环境
经历
在哪
方向
写真
登山
河
花
秋
摄影
温泉
西
北
南
高山植物
夏季花卉
长野奥运会
荞麦
荞麦面
2011.7.17 Naoki kuzumaki

用思维导图制定旅行计划的点子是我从一同上课的同学那里学到的。实践后发现，这种方法非常简单，且有助于全家人共同参与制定计划。除了教育和增强记忆等用途之外，我还推荐大家把思维导图运用到家庭的娱乐活动中。

在制定旅行计划时，思维导图能帮助我们选择目的地和旅行中需要做及想做的事。仔细描绘中心图像本身就是一次事前预习，思维导图还可以让我们注意到还有哪些不足。全家人事先掌握旅行安排能增强活动的计划性，一起分析活动安排的可行性还能减少旅途中的不满。用思维导图选择目的地能从多个方面进行考量，防止决策过于片面。

上面介绍的两个案例在中心图像上有非常明显的差异。对比一下就会发现，两幅导图的侧重点完全不同：一个侧重“去哪里”，另一个侧重“全家人一起讨论”。

延伸思维导图的线条也是在向自己提问（“下面我们思考什么内容呢？”），因此，我们自然而然就能逐渐深入思考。

暑假计划的思维导图

接下来是父母和孩子一起思考如何过暑假的思维导图。思维导图对亲子间沟通的功效也值得我们关注。

I先生（40多岁，公务员）

我们在家庭会议上画了这张思维导图。时值暑假过半，孩子们也开始有些犯懒。于是，我们全家聚在一起明确了各自的暑假安排，并把它贴在客厅的墙上，随时查看。我们以全家的娱乐计划（右上的分支）为目标，亲眼确认并顺利完成了一件件该做的事，度过了一个放松而不松懈的暑假。

“去做这件事！”“好的。”“去做那件事！”“好的。”这种对话成了我家的一个常态。看一眼思维导图就能马上想起大家讨论的过程和每个人说过的话，每个行动变得更加具体，所有内容一目了然，我觉得这些都是使用思维导图的好处。

一件事无须叮嘱上百次，只要让对方看一遍就能传达到位。我和妻子都认为这省去了唠叨的必要，也有益于父母的心理健康。

暑假计划的思维导图

(by 爸爸妈妈) 2010.8.7

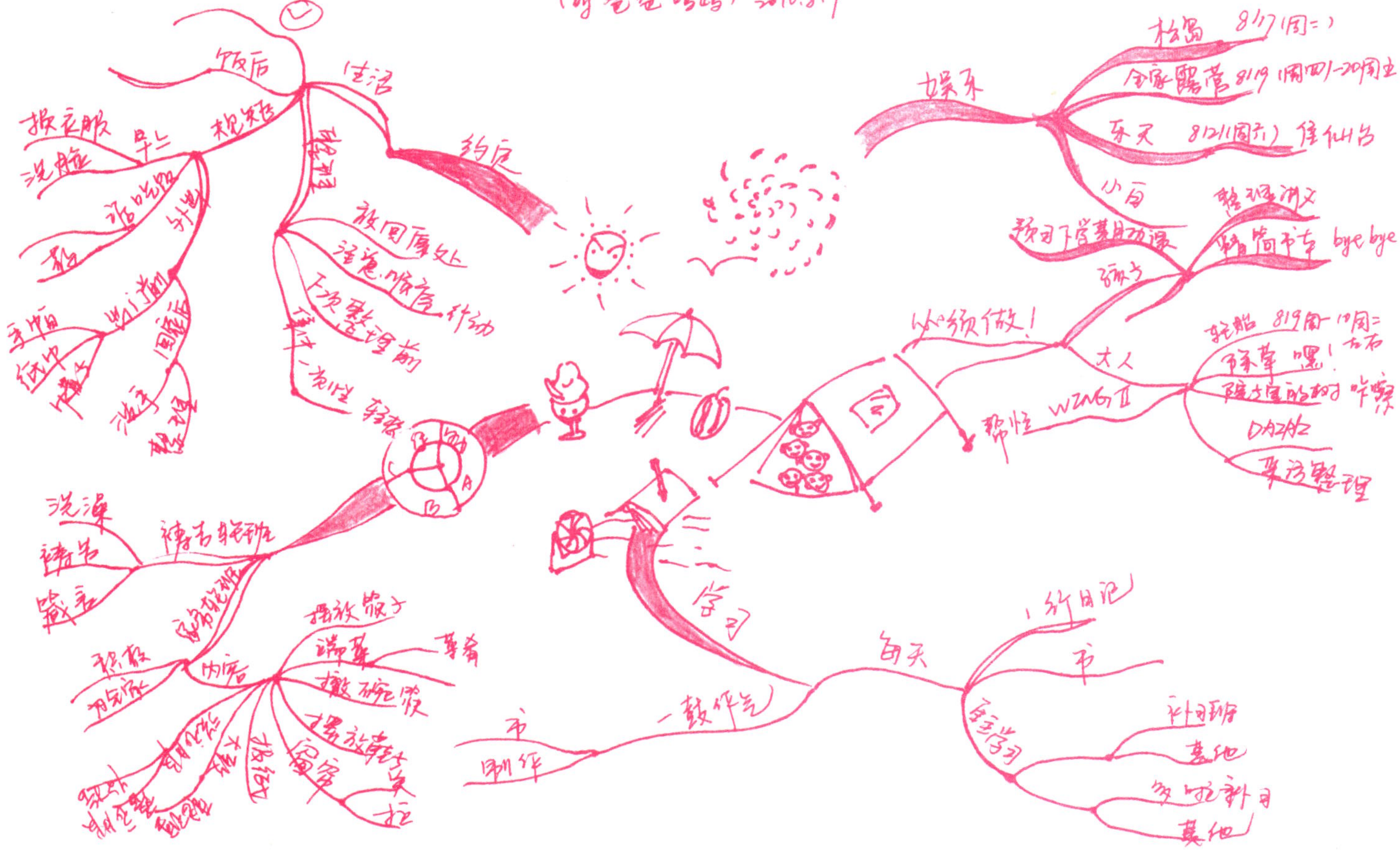

这幅思维导图的亮点在于“必须做”的部分。之所以这么说，是因为孩子们肯定抱怨了“作业太多！”然而，看了思维导图，他们应该就会发现，“虽然我们有一些任务，可大人们要做的比我们多得多！”也就能理解并非只有自己被强制要求做这做那。对比了分支数量的差距后，孩子们或许还会安心不少。

这并不是让大家客观地比较大人和孩子谁更忙更辛苦。如果仔细数一数作业的张数，说不定会发现孩子的负担也不轻。但是，只要孩子自己意识到“自己应该做什么”，并燃起斗志，我觉得这就足够了。

做父母的也将学会在体谅孩子的处境（“作业好多啊……”）的基础上给孩子布置任务，不再不由分说逼孩子做事。亲子关系也会从命令与服从转化为关怀与体谅。增加彼此间的透明度，改善家庭成员间的通透性，我认为这也是思维导图的任务之一。

3

大家的思维导图

应用实例② 学习篇

孩子学画思维导图

保育员的多年工作经验让我深切体会到，思维导图能帮助家长了解孩子的心情。孩子们说话总是东一句西一句，可如果批评孩子“听不懂你在说什么！”或者让他们“好好说话！”孩子也没法开心地聊天了。

在此介绍几幅“孩子仿照大人画的思维导图”。把思维导图用作孩子和大人快乐对话的工具，亲子间的交流就会更加愉快。

T先生（40多岁，公司职员）[上]

以“人”为中心图像，我先画了一两条主支做示范。结果，姑且不说画法如何，儿子开始把自己想到的东西不断画了下来。最让我惊讶的是，图画所占比例很高。我们这些大人主要用文字表达，但对于刚开始学习写字的孩子来说，图画或许也是一种正常的表达方式。还有，儿子不在乎文字重叠在一起。这应该也是孩子特有的感性吧。

随后，儿子又分别以“汽车”和“家”为中心图像，最后一共画了三张思维导图。这让我实际感受到思维导图确实拥有某种吸引人的魅力。这就是整天只顾玩耍的小学一年级儿子的作品。

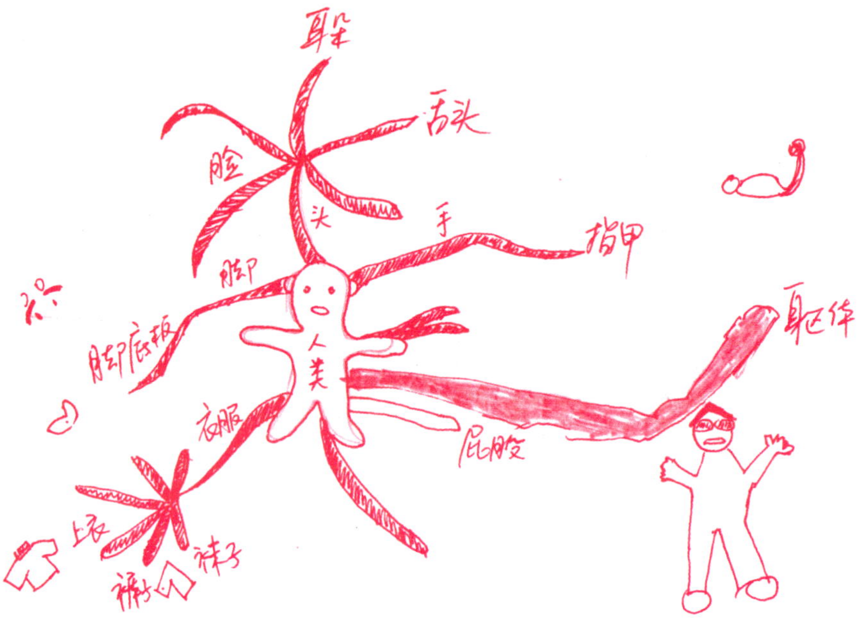

耳朵
舌头
脸
头
手
指甲
脚
脚底板
人类
屁股
衣服
上衣
袜子

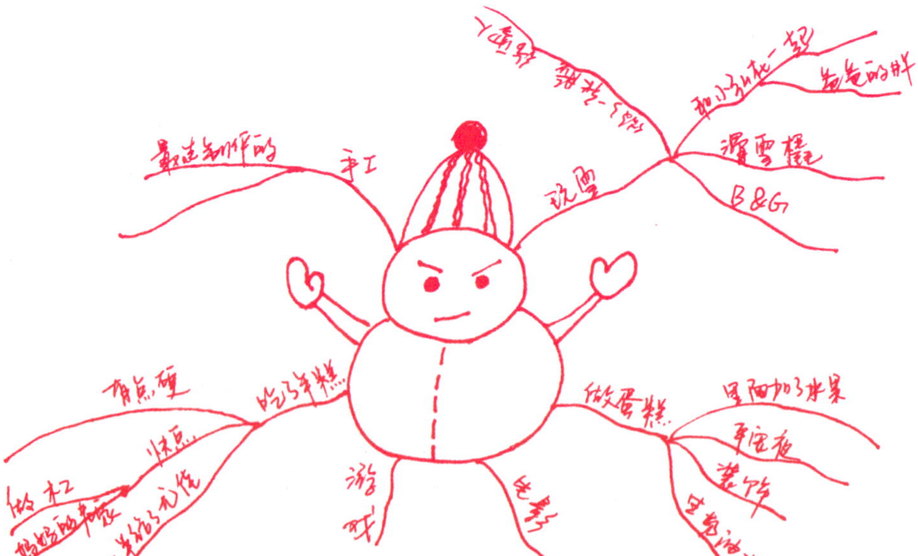

手工
玩雪
滑雪橇
B&G
做蛋糕
装饰
电影
游戏
有点硬

M先生（30多岁，小学教师）[下]

我从未教过我女儿（小学一年级）画思维导图，但她有样学样地画了中心图像并延伸出了几条主支。下面的分支则是由我（父亲）和她一边聊“寒假的回忆”一边画出来的。之后，女儿开始独自画思维导图，她不用我教就能画出“层次感”，让我惊讶不已。

这两个案例的主角都是小学一年级学生，而他们对思维导图的理解远远超出了大人的预想，想必你会觉得不可思议。不仅如此，在反复绘制的过程中，他们的思维导图也逐渐规范成形了。这跟他们有了自信不无关系，但也可以理解为他们逐渐拥有了自己的思考。

我认为，五颜六色的思维导图对年纪尚小的孩子来说也具有十足的吸引力。他们说不定以为“大人在画画呢！”即使不知道大人画的是什么、有什么用，只要看父母兴致勃勃又聚精会神地做一件事，孩子们也会想亲自试一试。想必大家能从中感受到，思维导图无须死抠规矩和道理，凭感觉就能画。

正因为生活在同一屋檐下，父母有时反而察觉不到孩子细微的成长和变化，但如果时不时让孩子画一画思维导图，日后拿出来对比一下，就能清晰地意识到孩子的成长。

第二个案例中的M先生曾在过生日时收到了孩子们（女儿和儿子）画的生日贺卡思维导图（见下页），还得到了孩子们令人欣慰的评价：“要是我们学校也用思维导图上课就好了。爸爸的学校真好啊！”M先生说：“对于一个父亲、一个思维导图使用者而言，没有比这更珍贵的礼物了。”对此我也连连点头表示赞同。

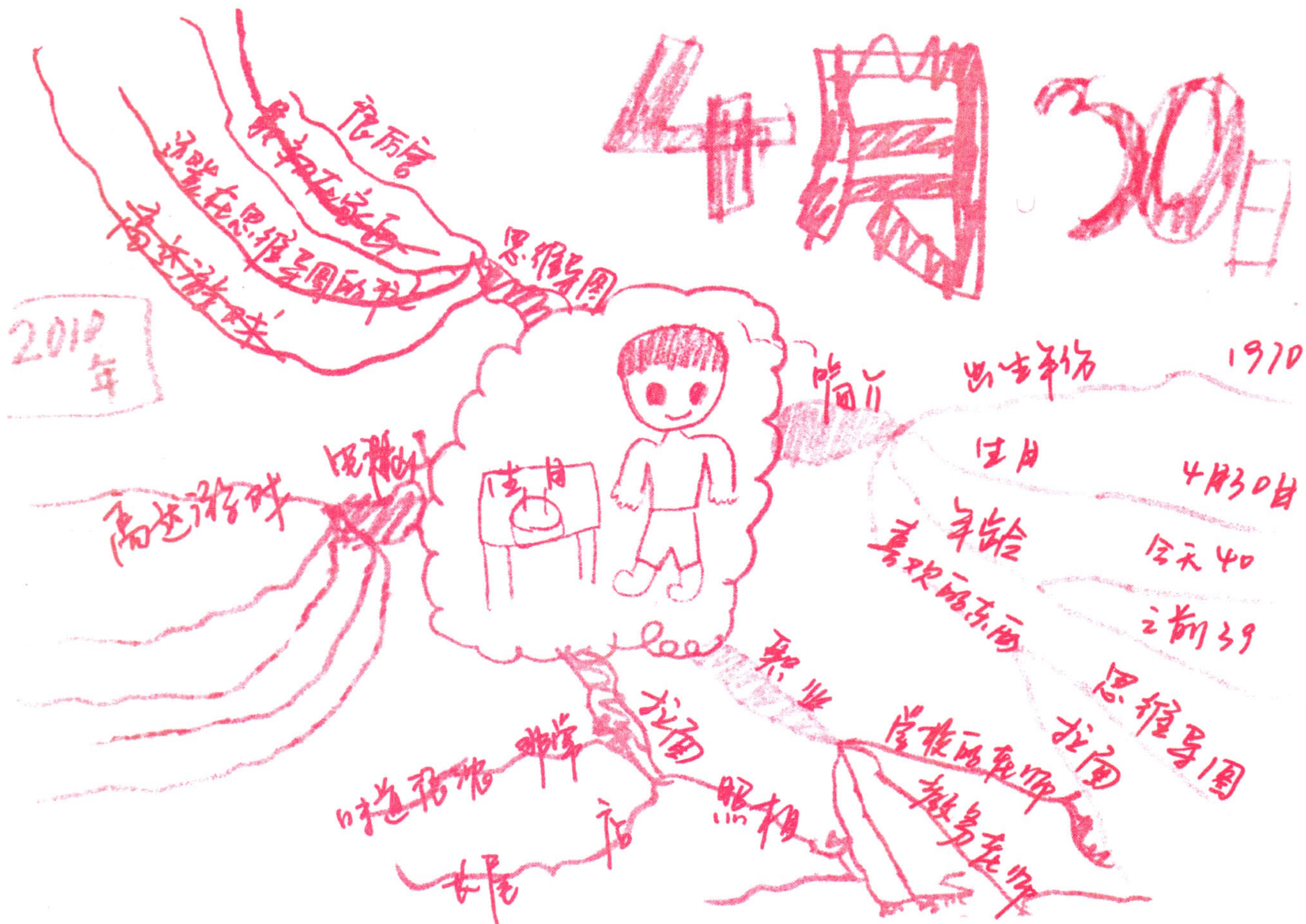

4月30日
思维导图
2010年
询问
出生年份
1970
生日
4月30日
年龄
今天40
之前39
喜欢的东西
思维导图
拉面
职业
学校的老师
教务老师
照相

用思维导图构思作文

写作文必须构思“内容”和“写作顺序”，而且，只有把二者结合起来才能写出有个性的文章。小孩子经常把作文写成这样的流水账：“今天我去游乐园了。很开心。”这是因为孩子没有充分思考要写什么内容。但如果把想到的东西全都写下来，又会让读者难以理解文章的中心思想。

用了思维导图，这种写作的烦恼也会迎刃而解。下面就来比较三个家庭案例，并注意这三个家庭的用法各不相同。

T先生（40多岁，公司职员）

为了帮助儿子写一篇以“回忆运动会”为题的作文，妻子画了这幅思维导图。中心图像画的是孩子印象最深的“夺旗子”。

妻子一边向孩子提问，一边根据回答画分支。这时，他们已经事先想好了主支，也就是作文的提纲。

或许在大家的印象中，思维导图是由一个人独自完成的，但我认为，也可以根据孩子的写作能力适当调整思维导图的画法，重点在于家长和孩子一起构思主题。例如：

· 家长和孩子一起愉快地绘制中心图像

天气 热

③ 最开心的是夺旗子

（4.2.6年级学生）从4年级

开始依次争夺别人的

红白帽子，帽子被夺

走的学生围在柱子

周围守住花彩球

我的帽子差点被夺走了

但我逃走了，保住了帽子

① 夺旗子比赛红队输了

（我是红队）

但整体上是白队赢了→遗憾

不过拉拉队中红队的声音更大

→ 太好了

② 觉得什么地方开心？

大家守着彩球，不让别人

拉绳子的时候，所有挤成一团，很好玩。

6年级的人撞过来，踢到肚子，好疼

摔到了石块，好疼。

（比赛是赤脚进行的）

④ 当我升到6年级，

我想去拉绳子打开

彩球

（4.5年级防守，6年级拉绳）

还有人爬到柱子上去拉绳……

我也想试一试!! 好有趣的样子

……!

⑤ 最后

很开心。留下了美好回忆

柴犬的传奇故事
读后感
和自己一样
和自己的区别
自己的感想
感动
长大了
捡到一只狗
爸爸
妈妈
寂寞了

- 主支由家长来画，以辅助作文的提纲
- 分支由家长在听取孩子的意见后绘制，孩子和家长一起确认分支的内容
- 孩子按照主支上序号的顺序写作文

这种亲子合作不也蛮好吗？

第二个是用思维导图写读后感的案例。

K女士（40多岁，公务员）

这幅是上小学五年级的女儿画的暑假作业。

女儿平时经常画思维导图，这幅也是她自己主动画的。其间她问了我一个有关主支的问题："除了故事梗概和主人公以外还可以写什么？"我建议她想一想"主人公和自己的相同点与不同点"，结果她甚至联想到了自己和弟弟妹妹的关系。

这样看来，我认为家长需要提示主支的内容（而不让孩子独立完成思维导图的所有内容）。

后来，长女在动笔写读后感时又遇到了一个问题——"开头怎么写"。这或许和思维导图的运用没有直接关系，但我感觉这是自己（或让他人）用思维导图写读后感时容易遇到的一个大难题。那次，我自己读了一些过往的优秀作品，从中挑了几种开头的写法给女儿参考。后来，据我观察，女儿顺利完成了作文，没有再遇到其他困难。

有的家庭还会用思维导图写图画日记。

天气
普通
阴
不热
拔河
第三
失望
便当
好吃
吃得很饱
优胜
比赛
100米
第一
高兴
障碍跑
第二
有点高兴

O先生（30多岁，个体户）

看着和学校布置的图画日记作业奋战的儿子，我推荐他用思维导图："用这个也许能写得更快哦。"这就是当时儿子画的第一幅思维导图。主题是运动会，一个比较大型的活动，我想应该有很多可写的内容，但儿子似乎不太擅长写作，我就帮了他一把。通常他只能写半张稿纸，到了后面就写不出东西，很沮丧。

这次，我让儿子试着用思维导图把运动会上发生了什么、结果如何以及自己的感想随意画了下来。他看着导图写日记，不一会儿稿纸就写满了，翻到了第二篇。或许是大脑得到了放松，儿子笔下写出了很多导图上没有的内容。我希望他从平时就能养成用思维导图写日记的习惯。

看了以上三个案例，想必大家就明白了，虽然作文、读后感和图画日记的体裁差不多，但只要家长的用法不同，画出来的思维导图也不尽相同。

我认为，这就是思维导图的特色。

有时用它帮助孩子组织写作顺序，有时只用它给孩子提供思维方式，有时则在一旁默默地看着孩子用它天马行空地发散思维。我认为每一种用法都是好的。

不能一味地拘泥于思维导图的"正确"用法，这反而会让家人和孩子用不习惯。每个家庭要先尝试自己觉得好用的方法，在使用的过程中，还会想出更恰当的用法。目标是让孩子最终独立找出适合自己的思维导图用法，将来他也会逐渐掌握使用思维导图的时机。

孩子们经常在作文或读后感里罗列一些事实，比如"做过什么事""书上是怎么写的"，却很少提及自己的想法。而思维导图促使孩子在描述完事情的经过后，紧接着记录自己的想法、事情的结果、对今后

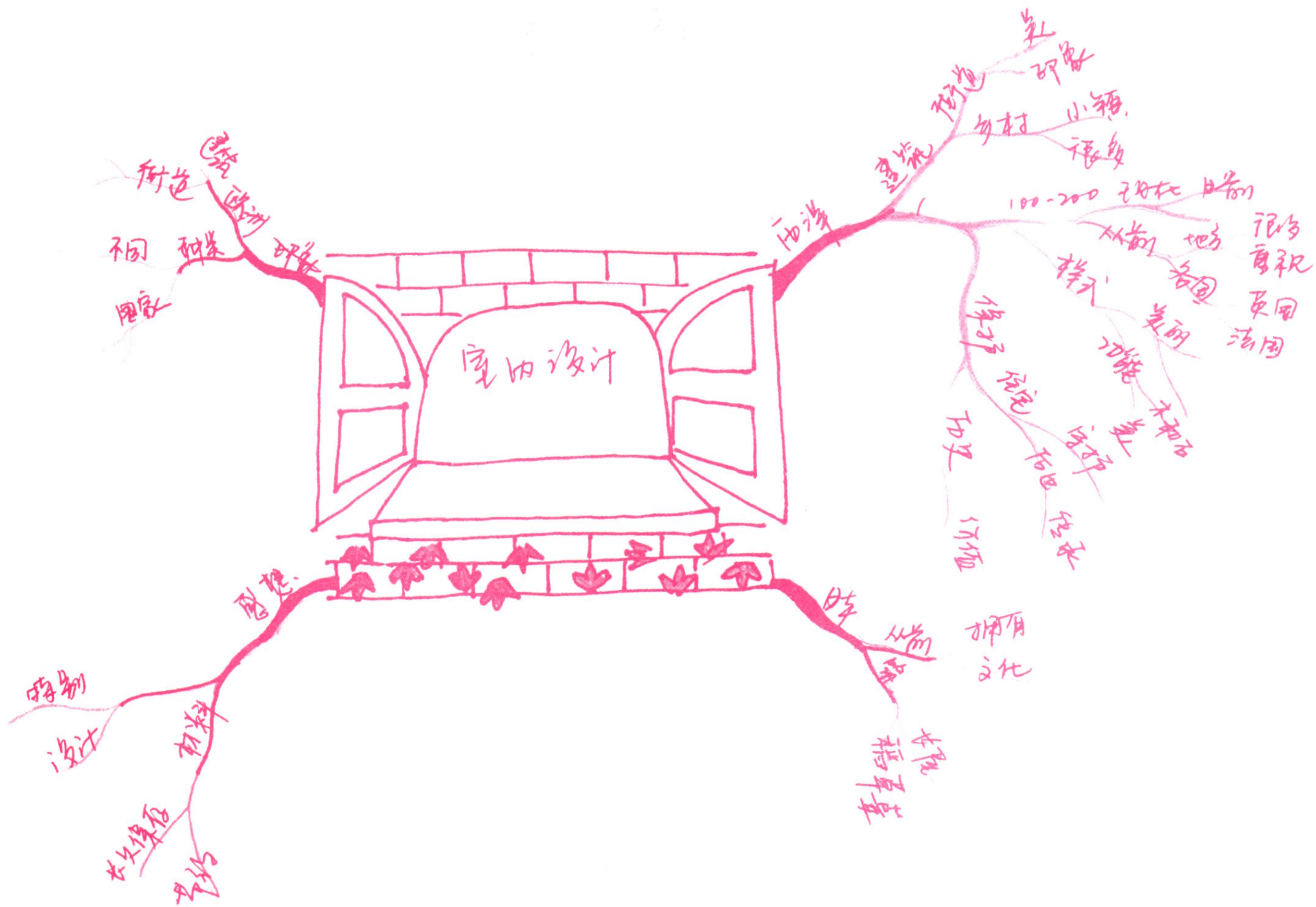
室内设计
街道
不同
风格
乡村
小镇
100-200
美丽
英国
法国
材料
设计
长久保存
拥有
文化

的打算等感想，这样，文章就会充实起来。

只有家长知道自己孩子在什么契机下会点燃斗志，才能想出以上几种用法。反过来，思维导图还能帮助家长进一步了解孩子的想法。尤其是在孩子不擅长表达细微的感情变化时，建议家长务必用思维导图帮助孩子构思作文。

用思维导图选取几种了解孩子的方式或许也是一种有趣的尝试。“要是他对这种做法不感兴趣，我就换另一种试一试！”可以抱着攻略游戏的心情，充满乐趣地探索下去。

另外，最后一幅思维导图是用来写大学报告的。实际上，它的作者不太会人际交往，也不擅于整理并表达自己的心情，但他在用了思维导图后对我说，思维导图便于整理自己的想法，是他非常喜欢的工具。

明确任务的思维导图

在这个案例中，思维导图被运用到了大人与孩子的沟通中。这位K女士用思维导图问厌学的孩子为何讨厌学习、讨厌学习的哪些部分。她说，这个实践让孩子和大人都重新充满了动力。K女士是小学老师，但我认为她的很多做法都可以供家长效仿。

K女士（40多岁，小学教师）

越是学习不好的孩子越听不进老师的话，这说得确实不假。你就算告诉他们“不要丢三落四”“好好写作业”，他们也不会照做。谁让这些话从他们左耳朵进去后马上就从右耳朵出来了呢？

思维导图对这种问题非常有效。我把孩子叫到身边，让他们先在纸中央画一幅自己喜欢的图画。孩子们一般都很乐意画画，我会在他们画画时给予表扬，问问画的是什么。然后，剩下的部分就由我来画。

“是吗，你不喜欢语文啊。汉字写起来确实很麻烦呢。”“哦，写了也记不住是吗？不过，你知道要写很多遍才能记住呢。”

“原来如此，要是有点奖励也许就更好了。贴纸啊，那只要你努力做作业，老师就奖励你贴纸，好不好？”

像这样一边交流一边把内容记录到思维导图上。

语文
喜欢
读
书
漫画
写
事情
故事
讨厌
写
作文
背
汉字
字形
笔顺
不擅长
数学
喜欢
无!!
讨厌
不擅长
计算
方法
应用题
意思
读
但是……
必须搞好
考试
将来
作业
不行
休息时间
努力
数学
计算
九九乘法
除法
探究
游戏
结束后
作业
老师给的贴纸
前一天
整理好
记在
准备
睡前
确认
妈妈
当天
再次确认
书包
早上
奖励
贴纸
奖状

这时，孩子们会盯着我的手，主动告诉我："还有，我还讨厌做阅读理解。我看不懂文章说的是什么。"最终，孩子们就会明白自己今后该怎样做，明确自己的任务。

通过画思维导图，一些孩子变得更加积极进取了。思维导图以直观易懂的形式揭示出问题所在，是辅导学生工作中的好工具。

K女士还经历过这样一件事。有一次，一名学生和朋友起了争执，跑出了学校。K老师把他平安带了回来，在一个安静的地方用思维导图询问了事情的始末，这种做法让学生感到老师接纳了自己，情绪也稳定了下来。

孩子是否向你敞开心扉，很大程度上取决于他能否感受到被你接纳和重视（大人亦是如此）。从这种意义上来看，能用不同颜色和插图表达微妙情感的思维导图对于词汇量有限的孩子来说或许是一种非常好用的工具。

另外，关于学习，很多人认为在孩子养成学习习惯之前，大人只能一遍又一遍地督促孩子。但实际上真是这样吗？不得已才去工作的人和积极主动工作的人，他们的工作热情和成果肯定截然不同，同样，只要学得开心，记忆效果也会不一样。

其实孩子们自己也很想学好功课，而思维导图就是激发他们学习热情的好帮手。

用思维导图学写汉字

记忆汉字时，只要明确了使用思维导图的目标，自然就会形成不同的绘制方法。我在前文中也多次强调，思维导图没有“正确”的用法，只要便于记忆并能激发兴趣，就是好方法。

下面的三幅思维导图都是用来记忆汉字的，其中既有一个汉字一幅图的，也有一条主支对应一个汉字的，还有根据汉字的由来进行分类的。我们可以选择任意方法绘制思维导图，对汉字的兴趣点不同（比如笔画或读音），线条的延伸方式也会发生变化。

无论哪种用法，孩子们画着画着就会入迷，并开始主动查找各种知识。这是非常宝贵的。多数孩子只会把自己知道的和教材上的内容直接画到思维导图上（不过有的孩子连这也做不到），如果主动去查字典，就说明孩子不是被迫学习，而是为了自己在学。

当然这并不全是思维导图的功劳。

如果违背孩子的意愿，强制他绘制思维导图，想必也不会有这么好的效果。不过，思维导图倒是可以随着“学习内容的转移（从读音到字义……）”延伸新的分支，涵盖孩子所有的兴趣点，使孩子的注意力一直集中在学习上。

此外，看到自己感兴趣的分支下伸出了很多线条，就会产生一种“干

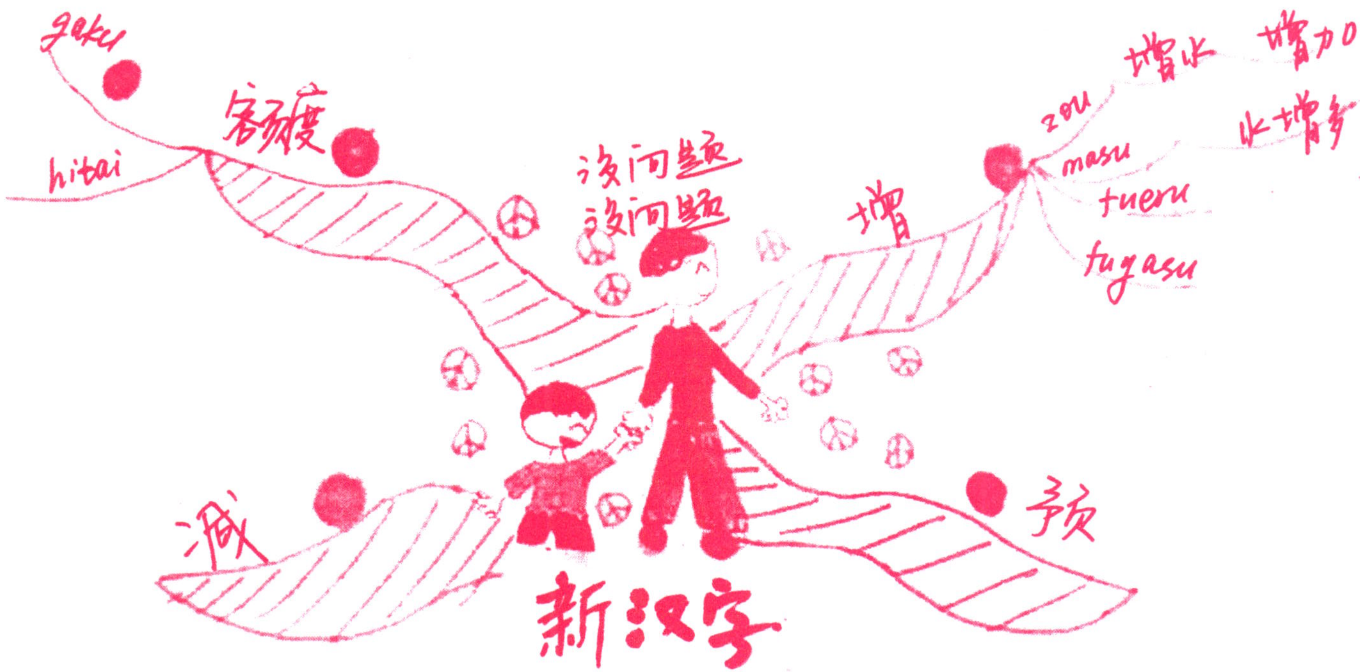

gaku
hitai
额
该问题
该问题
增
zou
masu
fueru
fuyasu
增水
增加
减
预
新汉字

kokoro
读音
kokorozashi
shi
kokorozasu
含义
心
打算做
常用词
志愿
志向
笔画
7画

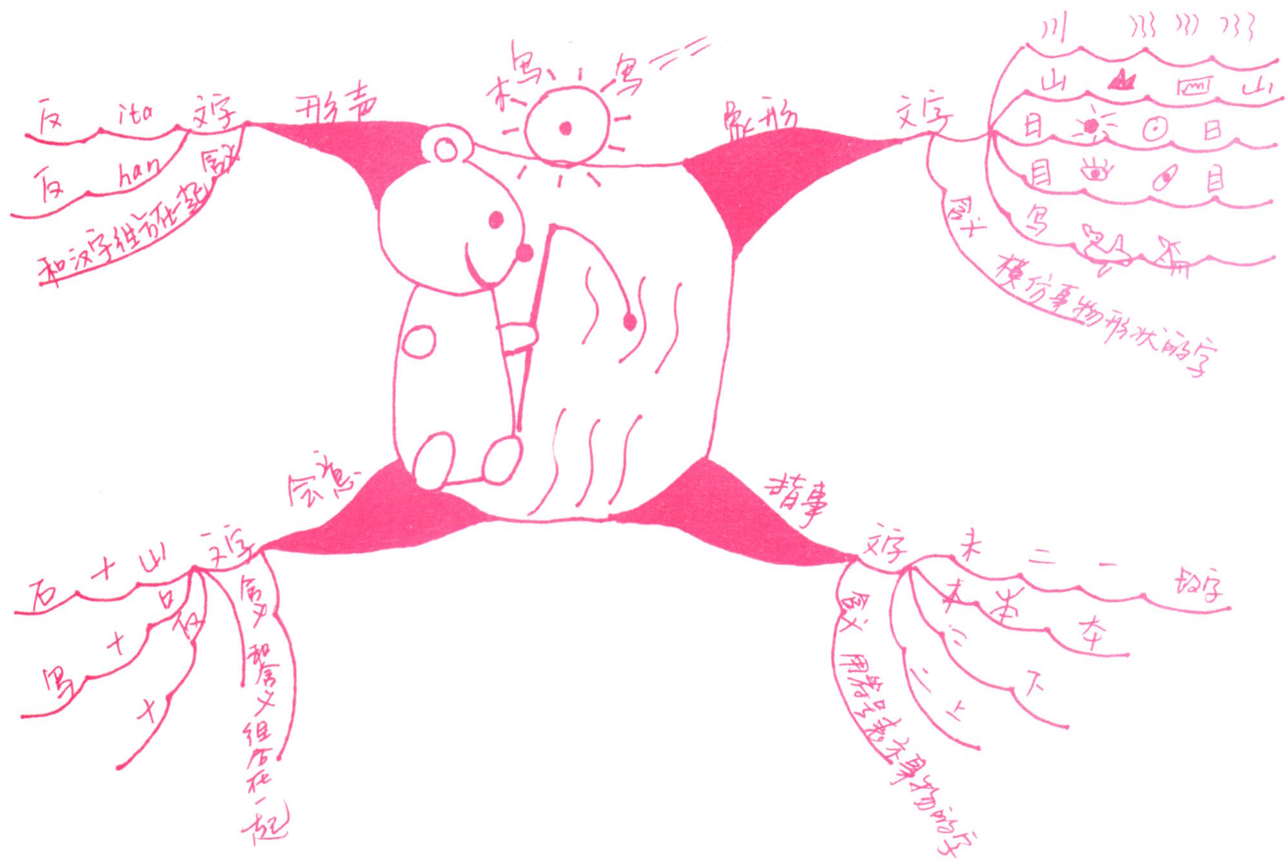

形声
象形
会意
指事
文字
文字
文字
文字
模仿事物形状的字
和汉字组合在一起

得好！”的成就感；如果分支下面内容很少，反而会鼓起干劲，心想“一定要把它充实起来”。用喜欢的颜色形象生动地投入学习也是思维导图改善学习效果的一大原因（曾经有一名小学生因为“环保”而选用了绿色笔，让我感叹孩子们的感受力超出了大人的想象）。

不论大人还是孩子，都可以把思维导图运用到学习中来，它真是一种魅力无穷的工具。

有助于考前复习的思维导图

这幅思维导图是年龄稍大一点的学生为准备升学考试而画的。这也是一种用法，希望能给你的思维导图应用提供灵感。值得注意的是，这幅图的主要目的是通过考试，所以用法上也随之发生了一些改变。

U先生（20多岁，补习班讲师）

我的学生用思维导图总结了大学统一入学考试（伦理科目）的教材，做出了这幅思维导图。我来讲一下用思维导图总结教材内容是如何提高分数的。

首先，在总结伦理考试等社会学科（日本史、世界史、现代社会）时，时间轴都非常好用。因此，笔记本上画了一条从左到右的时间轴。

其次，伦理考试涉及的所有知识都是抽象的，所以笔记本上还有一条从上（抽象度高）到下（抽象度低）表示抽象程度的纵轴，越往下内容越具体。

先参考教材画出思维导图，注意留出足够的空间。然后，一边做往年试题集，一边逐渐把留白填满。

这幅思维导图上有一些圈起来的两位数，它们表示考试考了该内容的年份。这样我们就能掌握常出的题目和出题类型。当然，如果再补充

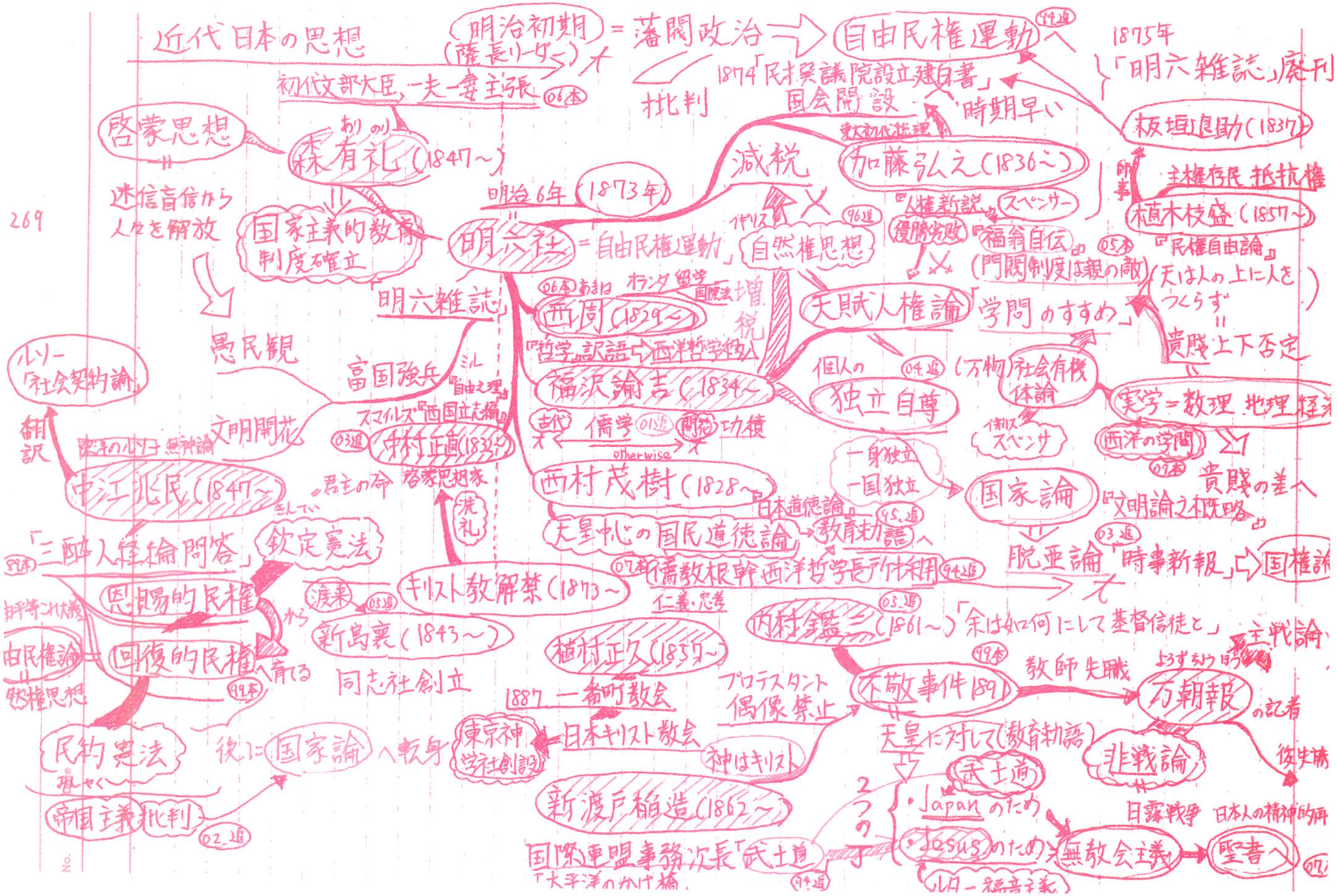

近代日本の思想
明治初期（薩長リーダー）
＝藩閥政治
自由民権運動へ
1875年「明六雑誌」廃刊
初代文部大臣、一夫一妻主張
批判
1874「民撰議院設立建白書」
国会開設
時期早い
板垣退助（1837）
啓蒙思想
＝
迷信盲信から人々を解放
ありのり
森有礼（1847～）
国家主義的教育制度確立
明治6年（1873年）
明六社
＝自由民権運動
減税
東大初代総理
加藤弘之（1836～）
『人権新説』
スペンサー
優勝劣敗
主権在民 抵抗権
植木枝盛（1857～）
『民権自由論』
イギリス
自然権思想
『福翁自伝』
門閥制度は親の敵
天は人の上に人をつくらず
＝
貴賤上下否定
「学問のすすめ」
明六雑誌
愚民観
あまね オランダ留学 国際法
西周（1829～
『哲学』訳語
西洋哲学紹介
増税
天賦人権論
ルソー「社会契約論」
翻訳
富国強兵
ミル『自由之理』
スマイルズ『西国立志編』
福沢諭吉（1834～
個人の 独立自尊
（万物）社会有機体論
実学＝数理 地理 経済
文明開花
古代
儒学
otherwise
開花
功積
中村正直（1832～）
啓蒙思想家
東洋のルソー 無神論
イギリス スペンサー
西洋の学問
中江兆民（1847～）
君主の命
一身独立 一国独立
国家論
貴賤の差へ
西村茂樹（1828～
『文明論之概略』
日本道徳論
天皇中心の国民道徳論
教育勅語へ
洗礼
きんてい
欽定憲法
「三酔人経綸問答」
キリスト教解禁（1873～
儒教根幹 西洋哲学長所利用
脱亜論
「時事新報」
国権論
仁義・忠孝
恩賜的民権
渡来
新島襄（1843～）
から
内村鑑三（1861～）「余は如何にして基督信徒と」
主戦論
自由民権論
回復的民権
育てる
植村正久（1857～
同志社創立
1887 一番町教会
プロテスタント 偶像禁止
不敬事件1891
教師失職
よろずちょうほう
万朝報の記者
日本キリスト教会
東京神学社創設
天皇に対して（教育勅語）
非戦論
後失職
民約憲法
後に国家論へ転身
神はキリスト
武士道
2つのJ
・Japanのため
・Jesusのため
無教会主義
日露戦争
日本人の精神的再
聖書へ
帝国主義批判
新渡戸稲造（1862～
国際連盟事務次長「武士道」
「太平洋のかけ橋」
ルター 福音主義

一些模考题，导图的效果会更好。

通过画这种思维导图，有一定干劲和能力的学生会明白什么才是主动学习。渐渐地，他们就会主动收集信息，而不是在课上发呆或把老师的板书原封不动地抄到笔记本上。哪些信息可能是自己发现的诀窍、老师口头讲授的内容或者资料集里的知识，学生们会将这些板书上没有的内容以思维导图的形式记在本子上。

不过，这个过程需要不少时间。为提高分数，学生要进行更多的初期投资或者说投入更多的时间。假如中途放弃，就复习不到所有知识面，重复次数的减少还会使分数不升反降。我估计能留出足够时间复习的学生可以考到90分左右（不过这只是我的愿望）。

另外，这种方法还适用于因不善于总结信息而失分的学生。此外，它能锻炼学生在笔记本上画文章提纲构思图的能力，所以还有助于提高语文（现代文）的分数。

关于日本的考试体系和教育问题，想必大家各有各的观点。不管怎样，不理解的内容是记不住的，而不明所以的内容也无法转化成思维导图。

用分项列表可以将不理解的内容也转化成文字形式写在本上，而思维导图有一条重要规则——层次化，因此无法对理解不透彻的分支进行细化。把学到的知识画成思维导图的过程不仅有助于加深对知识的理解，更能促进记忆，这确实是思维导图的一大魅力。记在思维导图上的知识点也会随着学习程度的加深不断发生变化。

这幅导图用的不是纯白纸，或许是因为这个本子还用来记其他内容吧。不过，把思维导图单独画到别的本子上确实很麻烦，反而不利于学习，因此这时就没必要非得用纯白色的纸张。

把思维导图引进课堂

下面一则案例来自职业培训课堂。这位老师为让学生学到更多知识，避免了教师讲、学生听的单向授课模式，花了不少心思。

N先生（40多岁，职业培训讲师）

我在县里组织的公共职业训练所当讲师，主要讲解互联网结构，并引导学员思考如何将互联网运用到工作中。

在讲互联网结构的课上，我建议学员以通过NTT通信系统（NTT Communications）的“.com Master ☆（1星级）”考试为目标。这门资格考试的出题范围很广，考的都是有关互联网的基础知识，可以作为职业培训的一个工具。

只是，课堂难免变成关键词的罗列，学员们很难记住这些知识，而且还得想办法防止学员在课堂上打盹。

于是，我站在师生双方的角度活用了思维导图。尤其针对需要记忆的教学内容，我按照①讲义、②个人的思维导图、③共享的小组思维导图的顺序加以活用。

首先，我把思维导图用作一种授课工具。

在上课的前一天，我会事先把讲授内容画成思维导图。我的第一要领是决定课堂开始和结束的位置，从右上方开始顺时针绕着画一圈。定下这个习惯后，在课上就能像看计时器一样确认时间，随时调整授课内容。

另外，事先把所有内容整理到一张纸上，方便我熟悉内容，甚至能帮助我把讲义中无关的两个关键词连在一起讲。当然，如果在备课过程中发现应该提及某两个关键词的关联性，我就延伸分支，把它们连在一起。

当讲师的同行们大概都会做课前准备，但恐怕没有任何一种工具比思维导图更能做出如此小而精的教案，并兼具有效防止漏讲和推进课堂进度的功效。

其次，我让每名学员在课下用思维导图复习知识。

不用说，学员们在课上就会把我讲的内容记下来。但课堂笔记难免会按着讲师的授课顺序走，知识的分类方式和关联性也会照搬“讲师的理解”。我们要警惕这种“讲师的理解”，它不一定就是“易于听课人记忆”的理解方式。

老师说的话当然都是“正确”的。但真正对工作和生活有所帮助的记忆是“能够理解并用自己的话解释清楚的知识”。死记硬背的内容无法转化为对现实有所帮助的知识。

因此，我会让学员在课下独立思考课上的内容，把它画成思维导图。发现想不明白的地方或不懂的问题，就提出来。总之我鼓励他们用自己的力量把知识“变成自己的东西”。

在这幅思维导图中有很多表示相关性的符号，如把相隔较远的两个关键词连在一起的箭头，我认为它们体现出学员对知识系统更加多元化的理解和记忆。

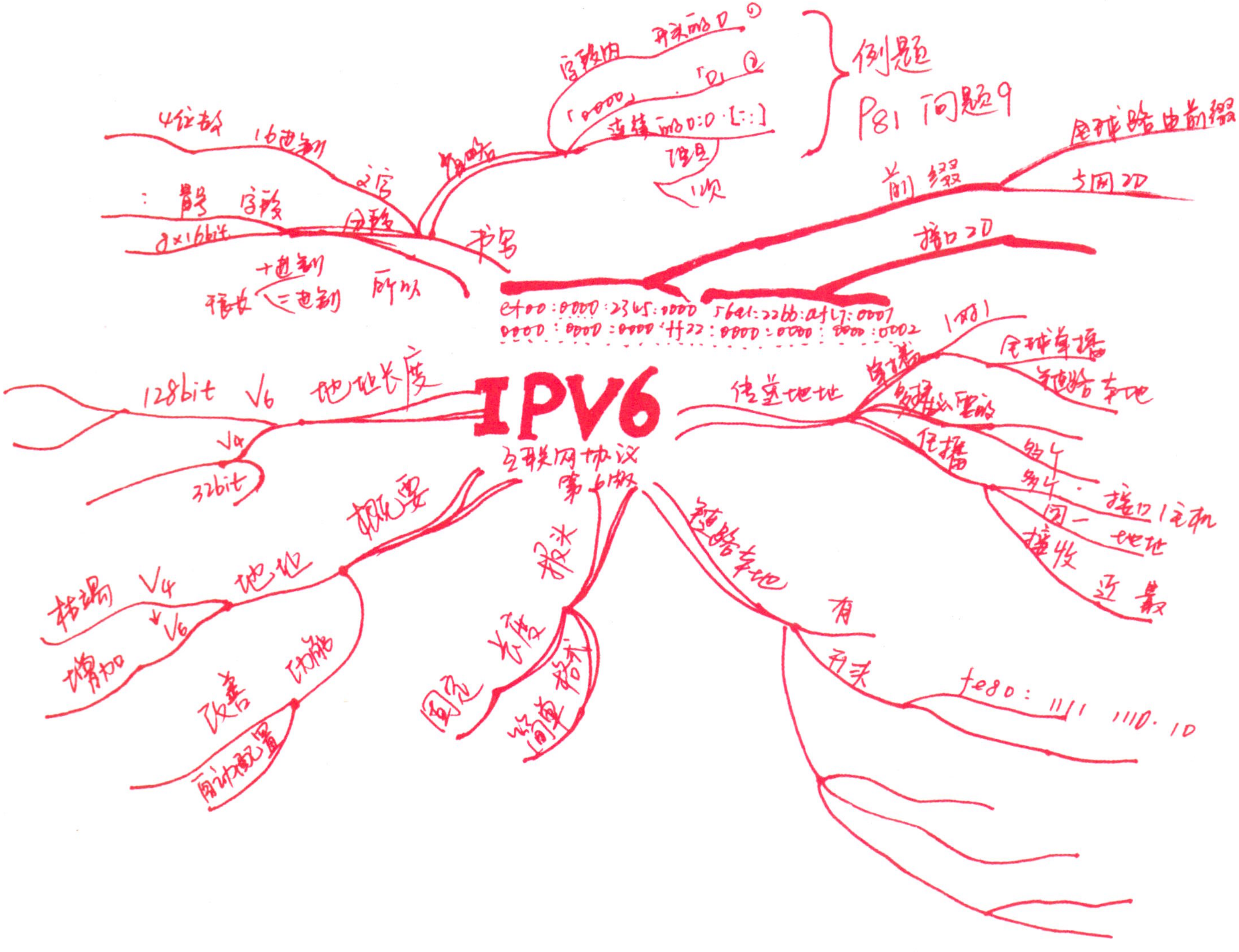
IPV6
互联网协议
第6版
地址长度
128bit
V6
V4
32bit
概要
地址
V4
V6
增加
改善
功能
报头
简单
前缀
全球路由前缀
接口ID
例题
P81 问题9
传送地址
单播
全球单播
链路本地
任播
接收
链路本地
有
fe80:

每名学员画完自己的复习思维导图后，我会组织学员以3～4人为一组相互传看别人的思维导图（有时还会10多个人一组传看）。在画集体复习思维导图之前，小组成员先大致了解一下彼此的想法，然后自由发言，简单分享对其他成员的导图的意见和感想。

之后，我会组织每个小组合作绘制一幅思维导图。小组成员不固定，这是为了在教授知识之余提高学员的沟通能力和领导能力。

因此，每次小组思维导图都会诞生出不同的画法，例如：

· 一个人负责“绘制”，包括他在内的全体组员一同进行“思考”（这种画法容易画出整洁漂亮的思维导图）。
· 一个人负责画中心图像，然后分配分支，每个人负责画自己的分支（在分配分支前一同决定主支，所以整体上还是实现了共享。不过，分别负责分支的做法或导致细节部分的共享不够完善）。
· 所有步骤均由全体组员共同完成（这种方法所需时间最长，但在没有时间限制的情况下是记得最牢的方法）。

耐人寻味的是，不同的成员组合还会孕育出各种各样的画法和分工模式。而且，在所有情况下，思维导图都能体现出以下优点：

· 传看彼此的思维导图能促使成员发表意见（也许是因为自己的导图已经被大家看到了，大家都很放得开，很少出现不发言的人）。
· 在分类和相关性上，了解别人的想法有助于加深自己的理解（即便最终还是坚持自己的想法，了解别人的想法也会加深自己的理解程度）。
· 使以牢固记忆为目标的“重复操作”变得更有乐趣。

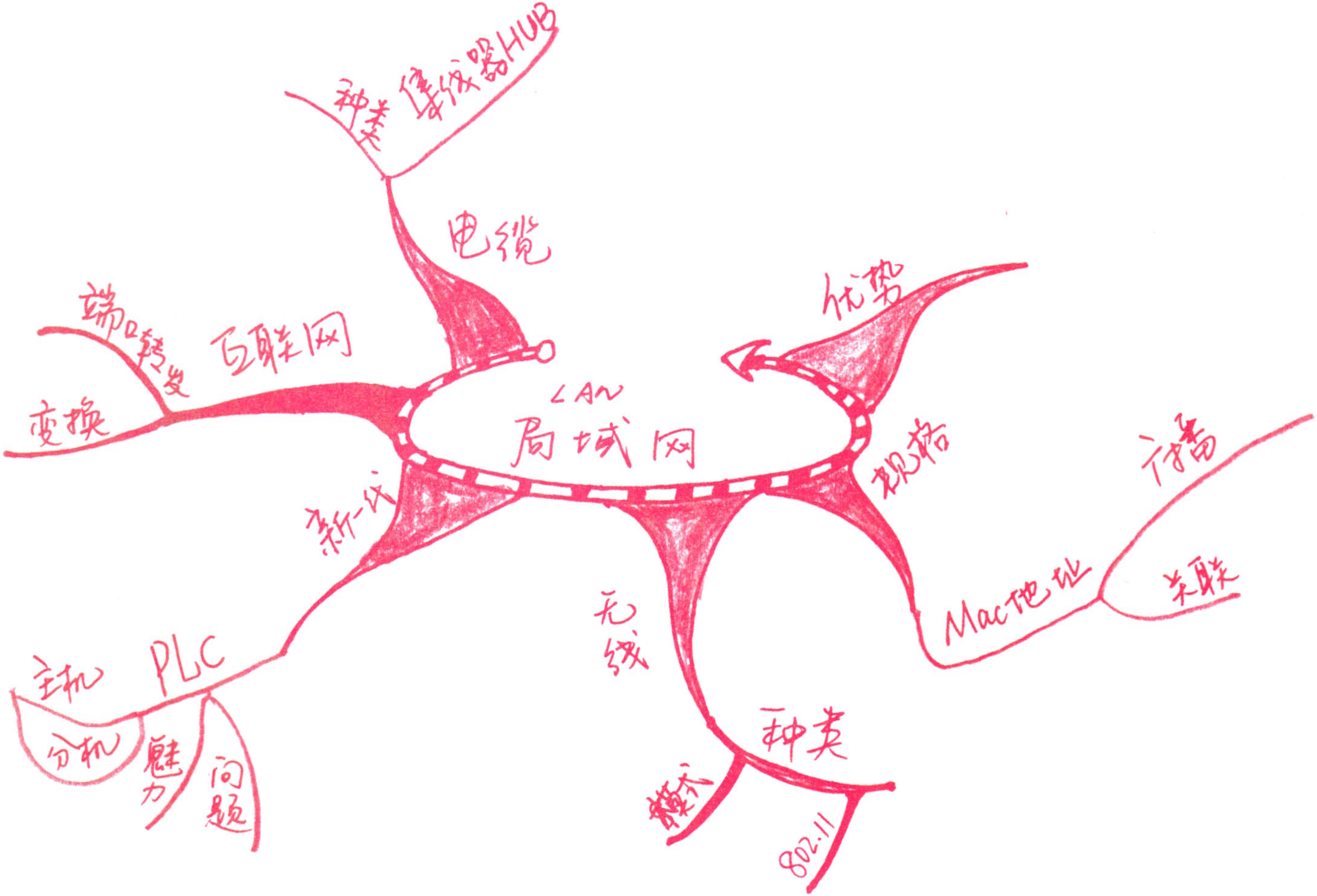
LAN
局域网
电缆
种类
集线器HUB
互联网
端口转发
变换
新一代
PLC
主机
分机
魅力
问题
无线
种类
802.11
规格
Mac地址
广播
关联
优势

我认为最后一条尤为重要。人需要反复重复才能记得牢，但在学习中，重复往往是一个痛苦的过程。我采用的这种授课法会三次重复同一内容，但越往后越有意思，使得大脑能够一直在活跃状态下记忆知识。

在此过程中，思维导图以外的要素——集体行动也很重要，它可以称得上是“知识的集合”。但事实上，集体行动在思维导图中才更容易实现,这么想来,“知识的集合”或许也可以看作是思维导图的要素之一。

从这个案例中我们可以看出讲师为促进学员主动学习的良苦用心。最值得一提的是，思维导图的活用使讲师跳出了固有的指导路线，设计出了新颖的教学方法，想必学员们也能感受到这一点。激发挑战新事物的动力和与众不同的灵感，这也是思维导图的一个优点。

我们很难遇到画集体思维导图的机会（因为这需要有多个了解思维导图的人在场），但这是一种非常有趣的体验，它带给我们的震撼足以让我们相信“三个臭皮匠”还真能“顶一个诸葛亮”。别人在自己画的分支上写下单词，别人的点子可能超出我们的想象，我们也可能在别人的激发下想出更有趣的创意……这种绘制方法能让人体验到集体学习的协同作用。

在总是只有一部分人发言的情况下也可以引入小组思维导图，促使平时不发言的人也能自由自在地画分支。思维导图消除了发言时的紧张情绪，使人更好地表达自己的意见，还可能想出意外的创意。

此外，这个案例在修正时用涂改液抹去了出错的部分。原则上应该把写错的地方保留下来（用双横线划掉），但这不一定适用于任何思维导图。比如这个案例中的思维导图是用来记忆特定内容的，那么完全抹去错误内容的效果应该会更好。

虽然思维导图有各种各样的规则，但我们并不一定要严格遵守。允许在充分理解规则的基础上根据情况进行调整。只要思维导图有其明确的目标，就可以为实现目标对画法进行适当调整。

思维导图搭建心与心的沟通桥梁

在这则案例中，一位热衷思维导图的老师回顾了自己将导图引入课堂教学的全过程。我在职场和学校都能听到这样的声音：“我想引入思维导图，却得不到周围人的理解。”个人的快乐应用是思维导图的起点，而下面这则 **M** 老师的故事则告诉我们普及思维导图的美好。

M先生（30多岁，小学老师）

一次去东京出差，碰巧买了一本思维导图的书，之后便读书自学，画起了思维导图。我觉得这东西着实厉害，便用它做了一份出差报告交给了校长。

画了几幅后，我意识到“可以把它用到课堂上”，于是把思维导图的画法教给了当时我带的四年级学生们。孩子们的反响非常好，他们和我一样爱上了思维导图。

看着他们认真的样子，我打算“等他们升到五年级，就正式把思维导图推广为年级管理的核心工具”，可没想到，第二年学校没有安排我继续带这批学生。

于是，我决定和新升入四年级的学生一起摸索思维导图的用法。我们从入学典礼后的第二天起开始画思维导图。孩子们的反响依旧很好，

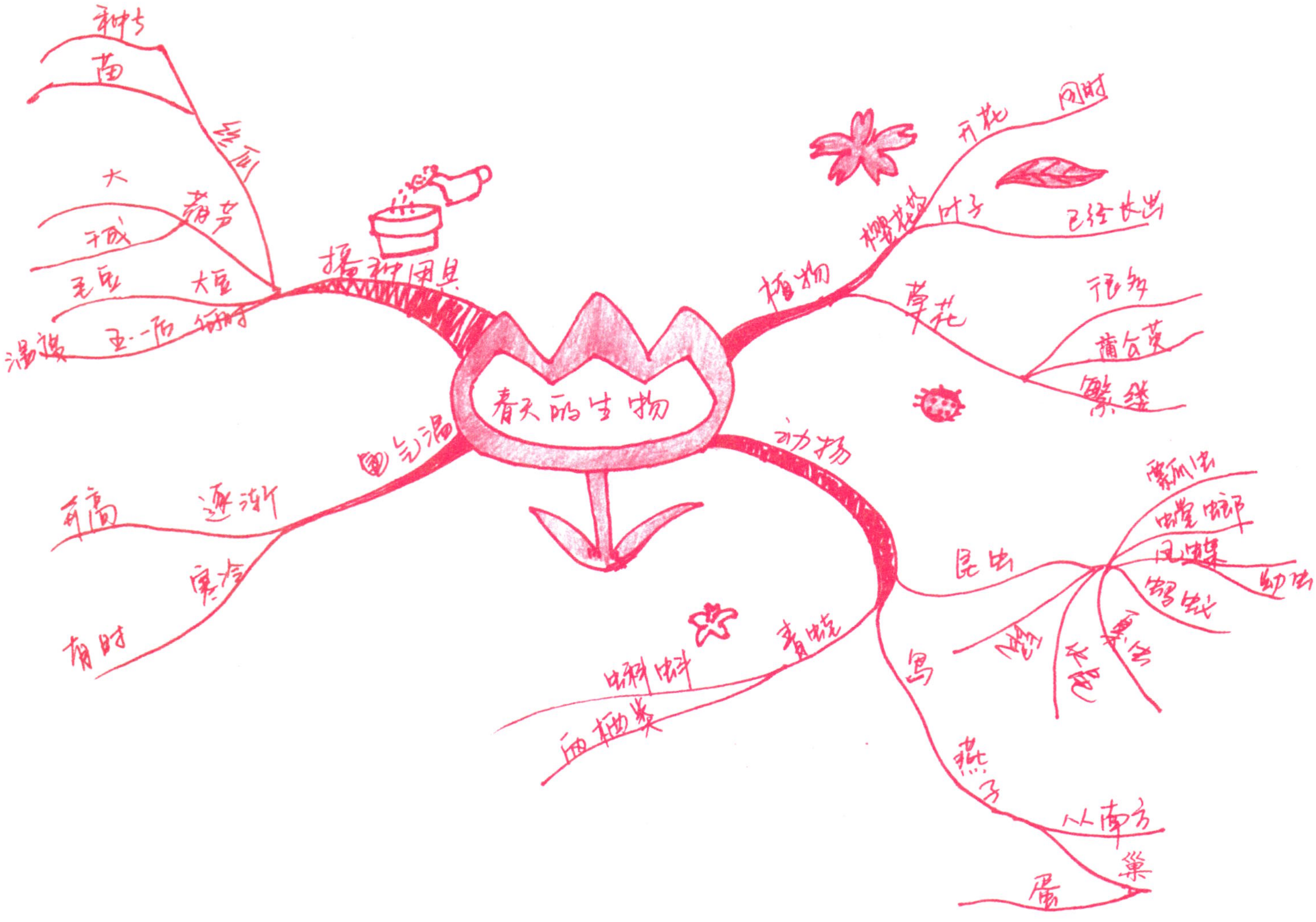
春天的生物
植物
樱花
开花
同时
叶子
已经长出
草花
蒲公英
繁缕
动物
昆虫
鸟
燕子
从南方
巢
蛋
青蛙
蝌蚪
气温
逐渐
升高
寒冷
有时
播种用具
丝瓜
种子
苗
大
干燥
毛豆
大豆
温暖

思维导图很快就成了日常教学的一部分。

如今再回头看一看当时我在课堂上画的思维导图（上一页），顿感简陋不堪，十分惭愧，而在当时，这种程度就很有效了。在共同使用思维导图这种陌生工具的过程中，老师和学生间的纽带也日益牢固起来。

终于有一天，我不再满足于自学，想学习真正的思维导图，也想尽量让孩子们学到地道的思维导图，于是抱着试一试的心态向博赞教育协会（如今的学力培养协会）发出了讲座邀请，没想到讲座真的成功举办了。我和学生们都学到了真正的思维导图，用得也更加起劲了。

第二年，我顺利地继续担任这批学生的班主任，和升入五年级的他们一起继续画思维导图。从那时起，我每天都会在课上或作业里布置一幅思维导图的任务。有一次，我在公开课上展示了应用思维导图的语文教学，让全校老师大开眼界。我们还曾经到县立美术馆当场绘制思维导图，在和北海道一所小学的交流会上用一幅巨大的思维导图介绍地区概况。

回过头来才发现，我和孩子们竟然已经画了几千幅思维导图。"等到了六年级，全国各地的学校都会来参观咱们的课"，就在畅想下一学年的时候，我接到了那个决定。学校把我调到了其他地方。听到这个消息，班上的男生女生都大哭起来。我差一点也掉泪了，可觉得这不合自己的风格，硬是把眼泪忍了回去。

下一页的思维导图是我在这批学生面前画的最后一幅思维导图。利用毕业典礼和离职仪式中间的一个小时，我在他们面前作了最后一次讲话，并同时画下了它。

我设定的第一条主支是"做过的事"。思维导图、世界咖啡、相互学习……两年来我们真的做了很多很多。班上的一些孩子害怕我走以后，这些活动都会终止。于是，我把这些活动比作游戏中最强的武器和护具，

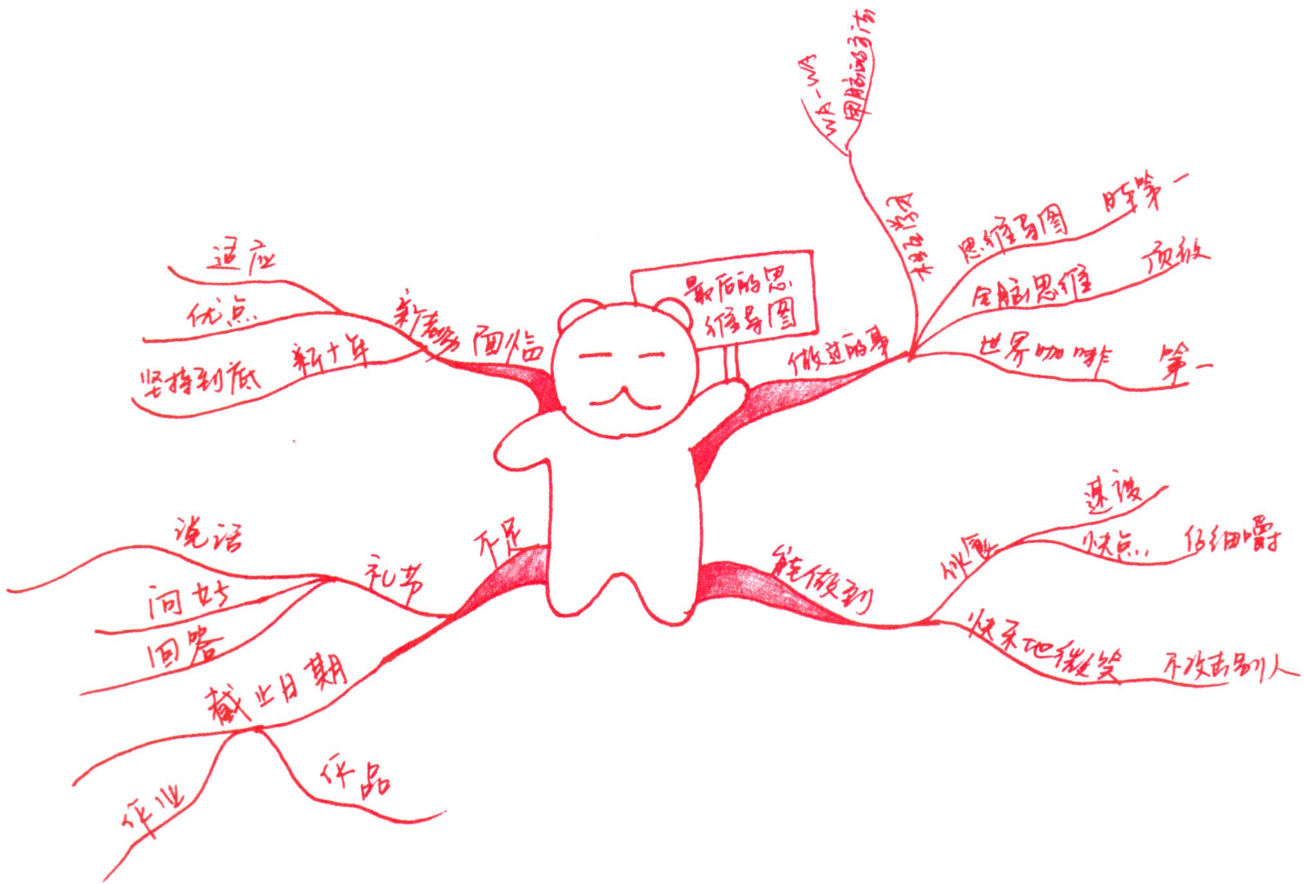

最后的思维导图
做过的事
思维导图
全脑思维
顶级
世界咖啡
第一
WA-WA
面临
适应
优点
新十年
坚持到底
不足
礼节
说话
问好
回答
截止日期
作业
作品
能做到
迅速
快点
仔细嚼
快乐地微笑

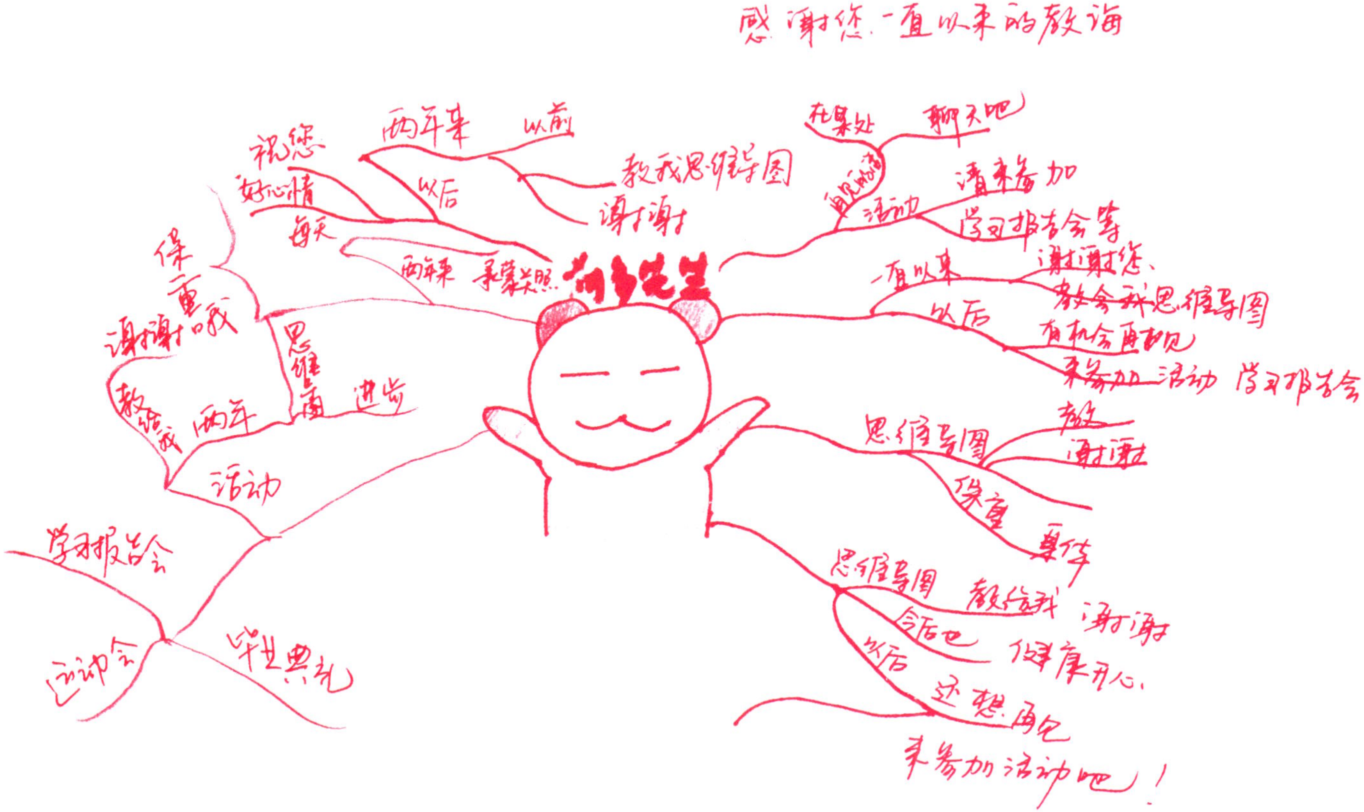

感谢您一直以来的教诲
在某处
聊天吧
活动
请来参加
学习报告会等
一直以来
谢谢您
教会我思维导图
以后
有机会再相见
来参加活动 学习报告会
思维导图
谢谢
保重
身体
思维导图
教给我
谢谢
今后也
健康开心
以后
还想再见
来参加活动吧！
两年来
以前
教我思维导图
谢谢
以后
祝您
好心情
每天
两年来
关照
保重
谢谢你教我
思维导图
进步
教给我
两年
活动
学习报告会
运动会
毕业典礼

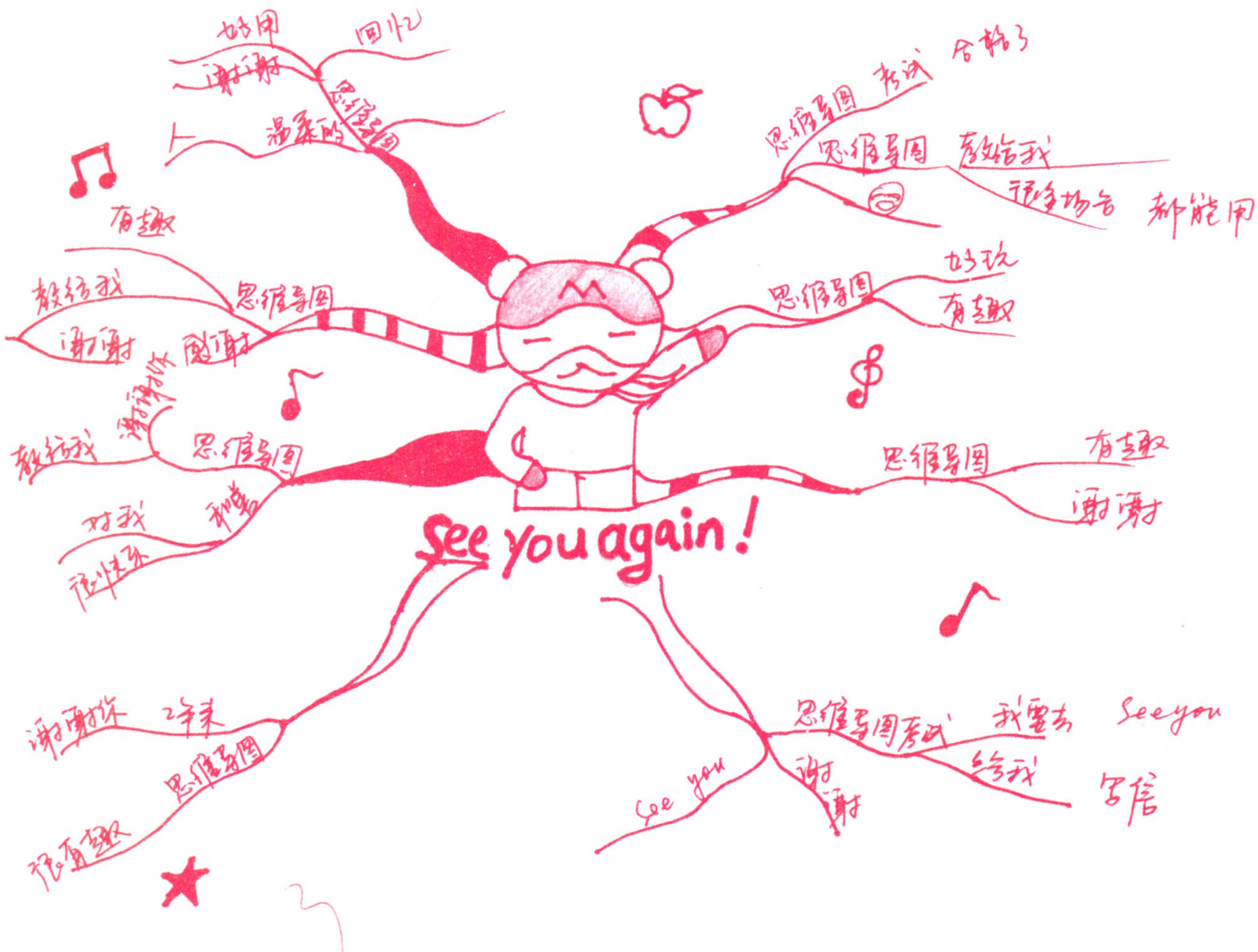
See you again!
思维导图
好用
谢谢
回忆
温柔的
人
思维导图
考试
合格了
思维导图
教给我
适合场合
都能用
思维导图
好玩
有趣
有趣
思维导图
教给我
谢谢
感谢
思维导图
有趣
谢谢
思维导图
教给我
谢谢你
和善
对我
很快乐
思维导图
未来
谢谢你
很有趣
思维导图考试
我要去
See you
给我
写信
谢谢
See you

对他们说:“我给了你们最强的武器和护具。但是,就算装备了这些道具,如果自己等级太低，也无法打倒高级别的怪兽和终极妖怪，不是吗？所以，我希望大家今后继续运用这种道具提升自己。就算新的班主任不了解这些，也希望你们能独立地运用它。在新班主任允许的范围内，一定会有用到它的机会，相信大家能够靠自己的力量用好它。如果大家觉得用这些工具很开心、很有帮助的话，就请继续使用它们，并把它们介绍给新班主任和你们的师弟师妹吧。”

离职仪式结束后，我从孩子们那里收到了礼物——思维导图的留言板（上两页）。看到这份思维导图时，我深切地感到自己这些年的努力已经化作了孩子们的习惯。从照片上可能看不太出来，思维导图是把留言板横过来画的。即使我不提醒,大家也自觉地遵守了思维导图的规则。这使我确信，就算以后我不在了，新班主任不再用思维导图教学，这些孩子中间肯定有几个人会将这种工具用下去。

如今，我在新的教学岗位上仍旧引入了思维导图。

这位老师把思维导图作为教学工具推广到年级和学校，并取得了显著的成果。不过，让我深受感动的是，思维导图增进了师生间的心灵沟通。老师不单是教授知识，还和学生们一同思考并实践思维导图的各种用法。我想，这种经历进一步巩固了师生间的信任关系。

此外，我们还能看出，思维导图在不断实践的过程中会成为增强自信的强力武器。熟练掌握后，还会激发出创作者的创造力。

4

大家的思维导图

应用实例③　职场篇

本章为大家介绍在职场运用思维导图的实例。引入思维导图的目的不仅在于提高办事效率，还可以利用其纵观全局的优势反思或重建结构体系。当然，在提升职业技能和知识学习中思维导图也发挥作用。

另外，职场中的大部分压力来源于沟通不畅。你是否曾经被同事误解自己的想法并因此产生了矛盾？运用思维导图可以帮助我们客观地剖析自己，从而避免误会与隔阂，增进同事间的沟通。

一张囊括所有要素的思维导图能让我们看清眼前的问题，更能探明问题发生的背景和意想不到的原因。把视野放宽放远，对工作就会更有热情，工作质量也会有所提升。思维导图体现出的不仅是个人业绩，还有对未来的巨大意义。

思维导图手账

大家用手账做些什么呢？想必每个人的用途不尽相同，那么思维导图的用法也会随之发生变化。所以，切勿将在手账上画思维导图作为首要目的。建议大家先思考手账为何而用，目前的记录方式和思维导图又有何区别，然后再把思维导图引入手账。

A先生是一名体育老师，他每天都用思维导图手账确认当天的安排。

A先生（50多岁，体育老师）

我坚持每日生活从手账开始，以手账结束。

每天我会把次日的安排和想做的事画成思维导图。导图画完后算是初步完成，在第二天上班路上或早晨的例会上如果想到什么，还会增加或延长分支，把想到的内容补充上去。

只有单词和分支的思维导图记录起来非常快捷，想到什么马上就能轻松记下来。写下来的同时，一天绝大部分的日程安排也记到了大脑里。

担任体育老师以来，每年我都会换用不同样式的手账。至今为止用的全部是横竖线的表格式手账，倒是方便按时间顺序纵观整体。只不过，一旦某一天或某一时段的内容过多，就一定会写出格子。因此，有时我会漏看格子以外的文字或者弄错时间和日期。

这个问题如果换作思维导图，就可以在一件事情下添加多条分支，没有网格的束缚，记录更加自由，充分利用留白的同时心态也变得更加从容。

每天睡觉前再画一次分支，不仅能确认日程安排，还能一并记录下当天发生的事。除此之外,还有课堂和学生的情况以及家长的联系记录，使思维导图从日程表摇身一变成了记录表。另外，核对迟到早退和缺席情况使我逐渐能察觉到学生身体情况的变化。在记录中，我习惯加入一些插画作为图标。

以周或月为单位的思维导图会随着时间的流逝越来越充实。不受表格或边框限制的思维导图可以尽情补充，补充的内容甚至可以延伸到没有安排的日子下面的空白处。周单位的思维导图按时间顺序每天画一条分支，月单位则按星期划分分支。起初我不知道在星期下排列日期的方式是否合适，但记录起来方便灵活的优点征服了我。

为了体现从前到后的时间流（从前一页到后一页的连贯性），每天的日程表的中心只写日期。每天占一条分支，24个小时用360度全方位来表示，整体呈现出一个不闭合的圆。一周由每天的分支延伸而成，一个月则由每条星期分支连起来组成。

然后，12个月的分支连接在一起，就成了1年的思维导图。每年有一个中心图像，其中月、周和日都是这张导图下的分支，它们整体组成一张年度思维导图。所以，我没有给每天和每周单独画中心图像。

自从用思维导图记录日程以来，在反复的失败与尝试中，这个习惯已经坚持了一年多。为方便绘制，我进行了诸多改良。我觉得只要自己看得懂就行，所以应该有很多不符合规则的地方。

既当班主任，又做体育老师，A先生的大部分工作时间被分割得很

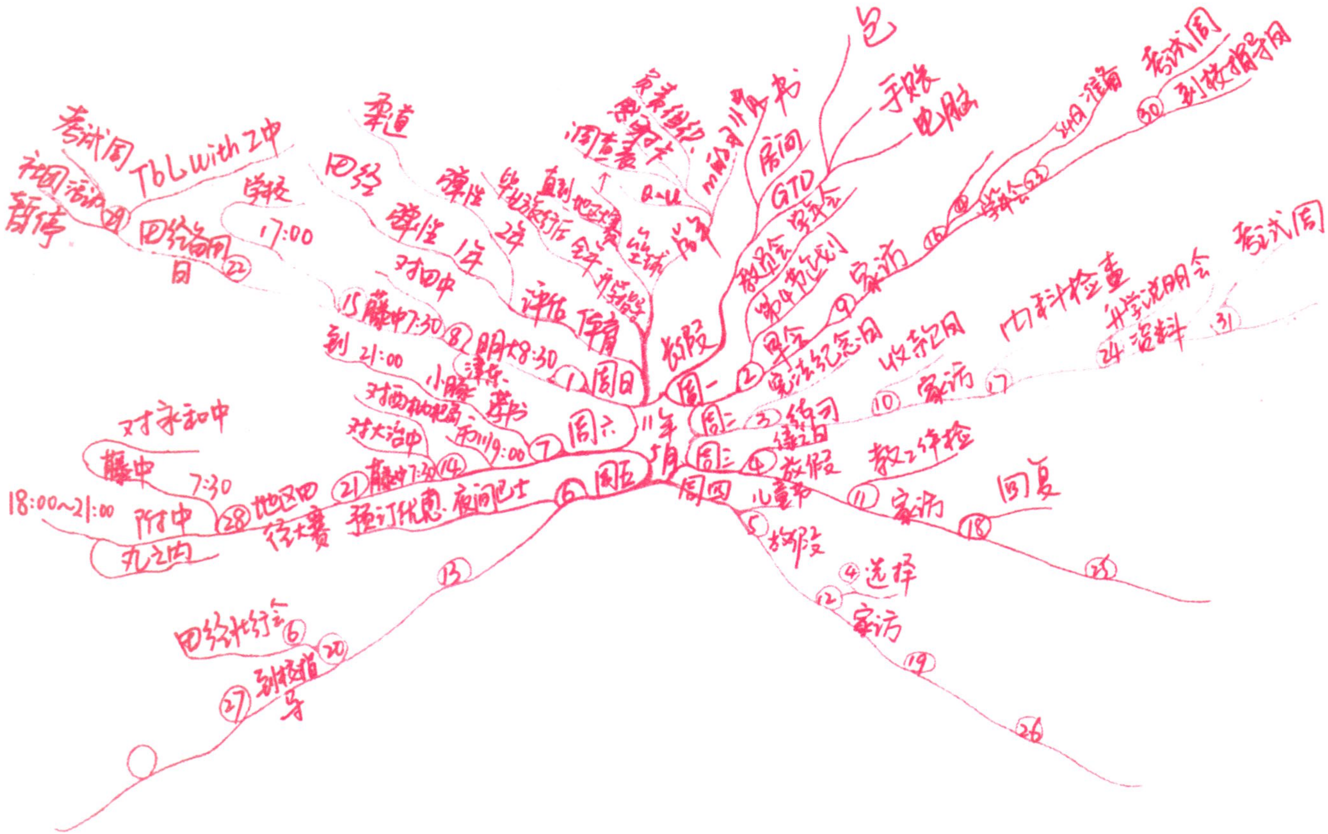

11月
周一
周二
周三
周四
周五
周六
周日
放假
早会
宪法纪念日
收款日
家访
巾力科检查
升学说明会
考试周
资料
教工体检
回复
儿童节
选择
GTD
房间
手账
电脑
学年会
考试周
到校指导日
对永和中
藤中
7:30
附中
九之内
18:00~21:00
地区四
预订优惠
夜间巴士
对大治中
对西枇杷岛
到 21:00
明大8:30
评估
体育
对四中
学校
17:00
柔道
四经
TbL with 2中
考试周
社团活动
暂停
四经研讨会
到校指导

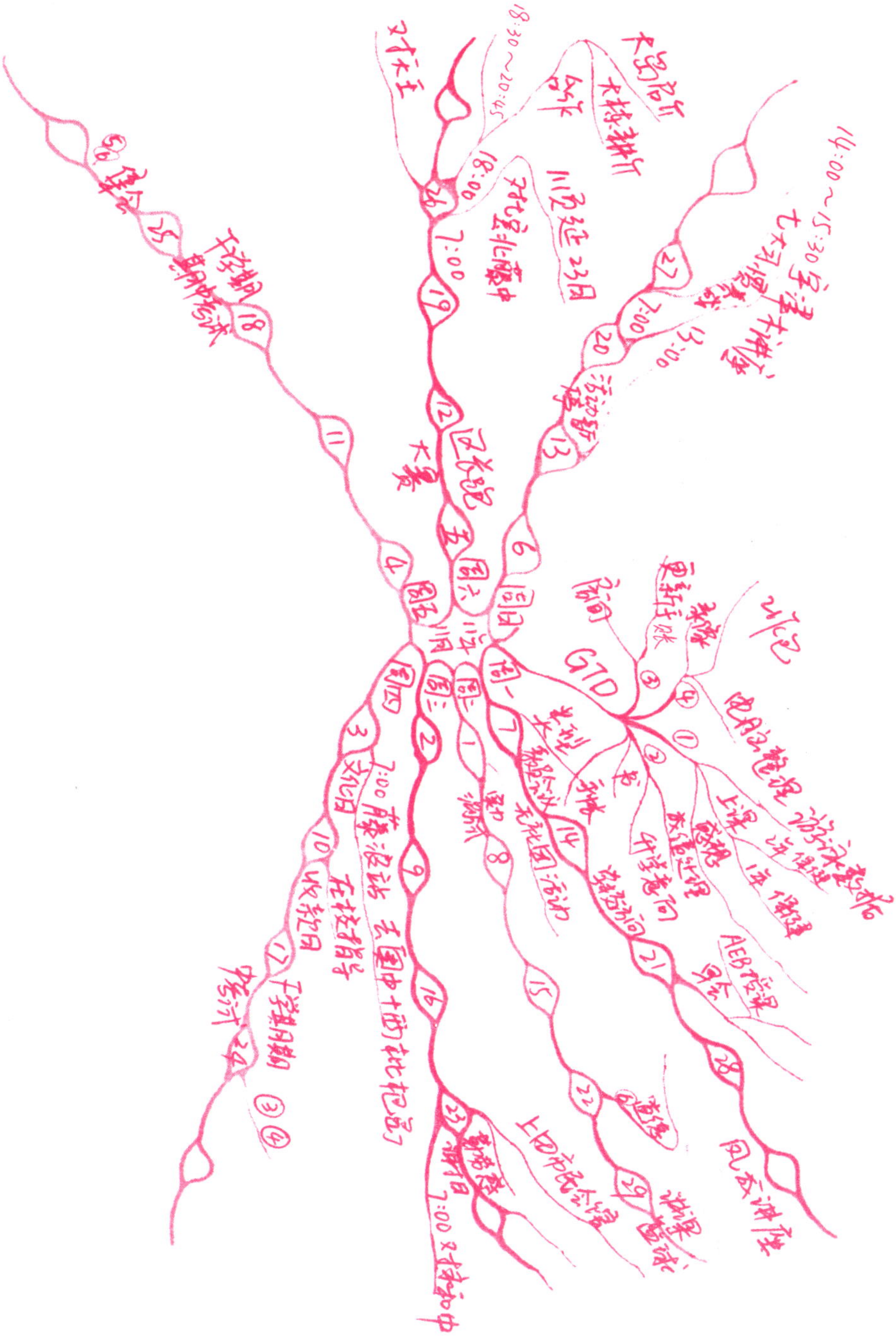

零散。若要利用这些零碎的时间仔细完成一项工作，就要事先做好规划，空出完整的时间段。

这种情况就适合使用兼顾整体和局部的思维导图。

对于像A先生这样的教育工作者来说，梳理学年末和学期末等繁忙时期的必要工作是思维导图的一种行之有效的使用方法，而经常和截止日期打交道的职场人士也同样适合这种用法。

不过，从思维导图的画法来看，A先生的中心图像的大小有些遗憾。就算是力求简约，也可以画得再大一些，那样更便于划分上层分支。比如，在日期下面就能分出“安排”“讨论”“学生指导”“出勤情况”等分支，省去了延伸出5层、6层的麻烦，从而使整体更加紧凑凝练。

收集共享信息的思维导图

K女士是痴呆症老人看护之家的计划制定者(看护管理员)兼看护主任,同时还是两个孩子的母亲。工作时间不规律,有时还要值夜班的她目前和父母孩子三代人住在一起,生活中充满了各种需要相互沟通的场合。

为维护和谐的人际关系,有时我们必须把他人的话当耳旁风、作出妥协,甚至要替别人承担他做不到的事。但如果总是客气地让步,势必会感到窝囊。时而耐心地与对方交流,并最终让他感受到自己想了解他的心意,这种密切而真诚的沟通令人感动。

正因如此,除了老人院的工作人员,我建议保育所等团体的支援工作者们都应使用思维导图。光是用它梳理必要事项就能提高效率,更何况在制定针对性强的护理方案时,它还是促进相互了解的最佳工具。

K女士(30多岁,看护管理员)

在听完基础课回家的路上,我觉得思维导图会是协助我们评估看护之家入住者(信息收集、问题分析等)的好工具,恨不得立即动笔画一画。

我不擅长把握整体形势,而思维导图给了我很大帮助。评估涉及大量信息,要把它们整合起来分析问题,需要一定的经验和知识量。思维导图帮我全面掌握看护中的问题、看护对象的能力和难处,有时还能从

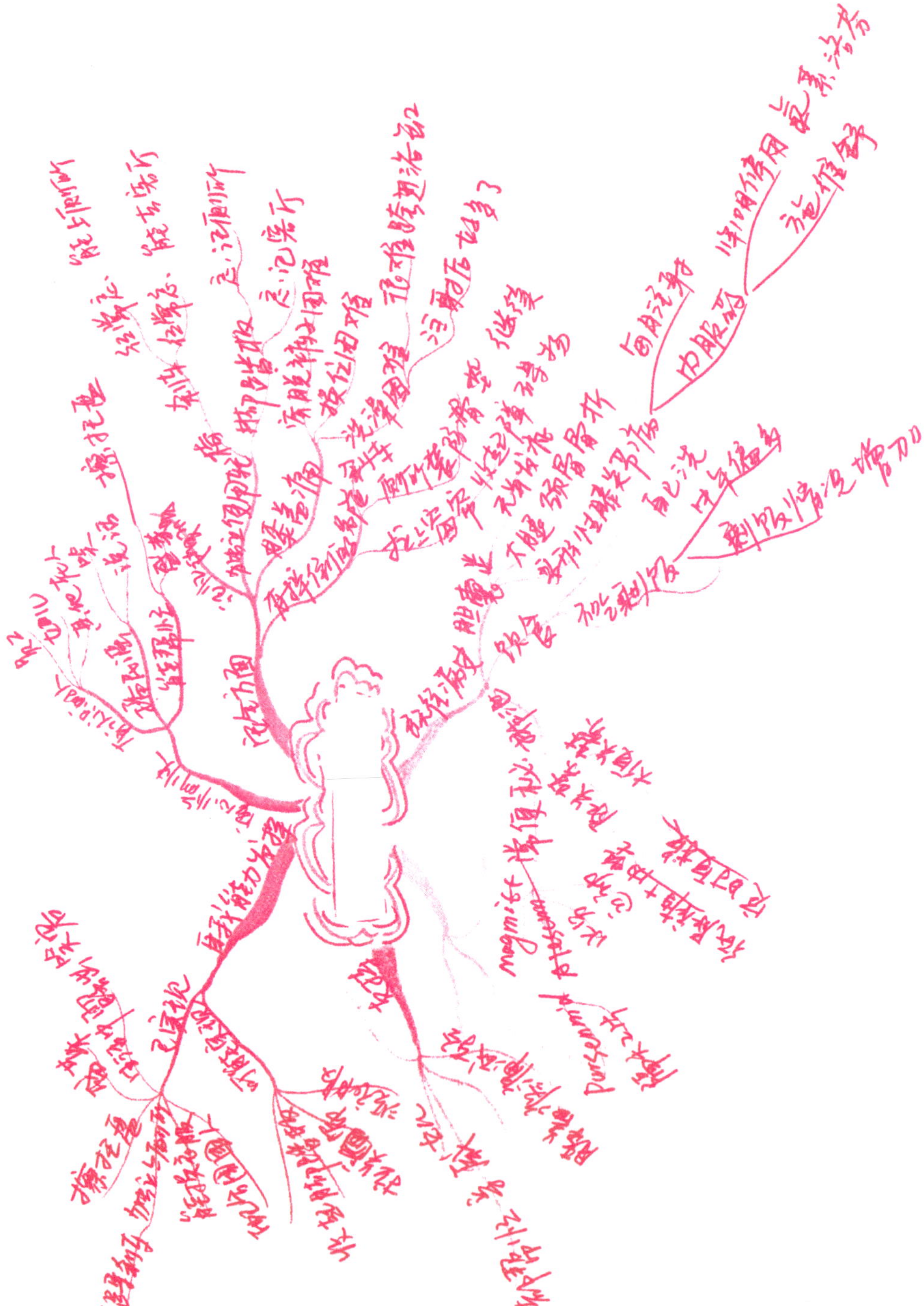

看似无关的两个问题中找到相同点，而它可能就是症结所在。

思维导图还实现了同事间的信息共享，且便于补充不足之处、其他角度的观点以及随时间产生的变化。通过在复印件上作补充，我能更好地掌握整体的变化趋势。不过，此前我一直忘了写日期，如今我会写上日期，表示出变化的过程。

而且，思维导图上的看护计划能够以总体看护方针为中心，涵括长期目标、短期目标到具体看护细节、看护人和看护频率等所有内容，使看护人员和看护对象都能更直观地说明并理解看护计划的目标及依据。思维导图能够展示出依据明确的思考全貌，希望它能在看护和护理第一线得到更为广泛的普及。

除了撰写计划，我在思考工作高效运转机制、人才培养机制以及课程编排时也使用思维导图。把想法落实到纸面，有时就会发现自己的思考不够深入或视野不够宽。

思维导图的另一大魅力就是用一张纸就能整合分项列表需要三张纸才能写完的内容。有一次，我想把书中内容转化为自己的知识，就尝试在第二遍阅读时总结了一幅思维导图。输出的过程增强了记忆，回想也变得更容易了，我甚至能通过回忆思维导图上的位置记起特定的信息。

比起翻查资料，用思维导图记录信息，下次再看的时候会好用得多，还能想起自己过去的想法，有时会觉得那时的自己也挺棒。对我来说，思维导图是掌握全局以及同事间共享信息的有效工具。今后我会继续在工作和生活（倾吐自己的心情）中使用思维导图。

除了K女士以外，我还会把思维导图推荐给像在职妈妈这类必须同时进行多项工作的人群。据说，女人的大脑生来就具备并行思维的能力。也就是说，女人能在做一件事的同时还能兼顾别的事情。

回家之后，打开洗衣机，烧上洗澡水，同时准备晚饭。如果孩子跑过来撒娇，或者喊着肚子饿，自然还要赶紧安抚他。催完孩子去泡澡，还要收拾碗筷、洗衣服、为明早做准备，最后还得给孩子讲故事、读书、哄他睡觉……

我认为，合理安排时间是人生中最具挑战性又最富价值的过程。当然在这个过程中，我们不免产生对将来的不安和焦虑，比如：孩子生病受伤自己不得不请假时、羡慕那些能够全身心扑在工作上的同事时、觉得单身的朋友过得很滋润时、夫妻沟通不畅而导致冷战时……

但是，只要用好思维导图，就可以把自己的所有工作梳理得井井有条，还能避免在忙乱的日常生活中遗忘重要事项。不仅如此，如果你想深入了解自己的内心或者规划未来，那你也应该腾出时间，用心爱的文具在重要的手账上画一画思维导图。

用思维导图解决突发性事件

接下来是应对工作中突发性事件的思维导图。应对突发性事件的关键在于让其他同事也了解事件的情况和解决方法，不能只靠当事人自己闷头干。画一张思维导图，就能对当前正在做什么、进展如何以及今后还需要做些什么一目了然。

思维导图不仅能解决突发性事件，还可以有效地跟踪项目进度，从而不仅让一部分相关人员了解情况，而是所有人都能积极主动地参与进来。

I先生（40多岁，小学教师）

东日本大地震发生一周后，3月18日，灾区终于恢复了供电。这时，小学的办公室里出现了一个重大问题。

用来备份工作资料的服务器受损，学校和数据中心也联系不上了。损坏的服务器里存储着过去5年的数据，全部是学年初和学年末一定会用到的重要资料。所幸，截至3月10日晚9点的过去一年的数据在外置硬盘里还有备份。

几天后，学校恢复了供电。于是，如何用办公室内网开展工作就成了下一个问题。当时根本无法和数据中心的工作人员取得联系，只剩下我们这些外行，因此，不知所措的我就画下了这幅思维导图。毕竟，与

2011.3.18 备份用硬盘数据共享驱动器 和 大家的开心计划

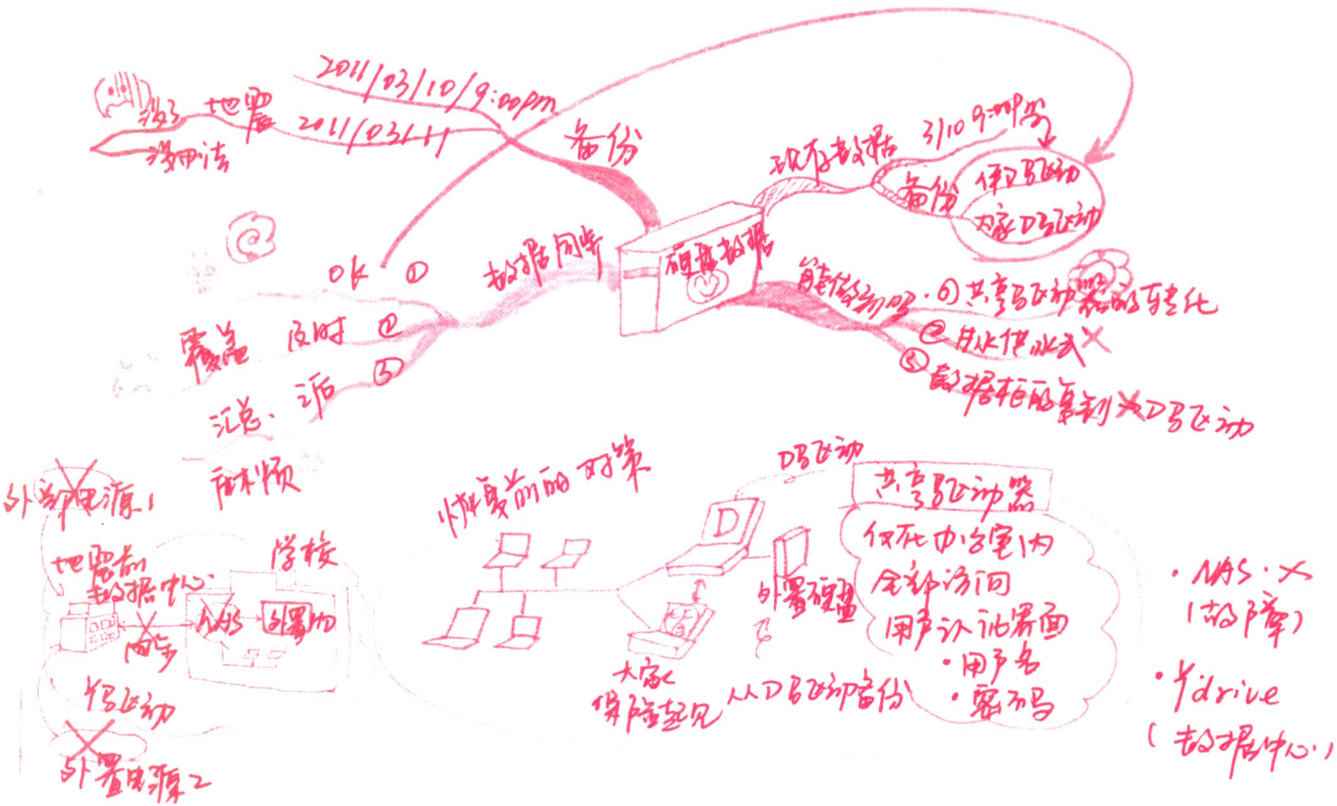

其干坐着发愁，不如画一幅思维导图，明确眼下自己能做什么以及具体要怎样做。

这幅思维导图得到了同事的一致认可,也获得了管理层的执行许可。我把外置硬盘接入自己的笔记本电脑，设置局域网共享，让其他教员通过办公室内网访问硬盘。多亏了思维导图，学年初和学年末的工作才得以一如既往地开展。

在数据中心恢复运作、服务器修好后，我把外置硬盘中的数据覆盖到服务器上，顺利渡过了这个难关。

在这个案例中,通过绘制思维导图,I先生筛选出自己力所能及的事,心情也因此冷静了下来。下面的分支是为了思考具体的实施方法。

用思维导图梳理做得到和做不到的事时，我们常会习惯性地只记下做得到的部分，但是，我建议大家把所有想到的点子全都记下来。拿I先生的案例来说，就是那条分支“能做到吗？”这样做可以和周围人共享自己的想法和掌握的信息。有些事自己觉得做不了，但说不定同事就能做到。

只要像这样实现彼此共享，每个人就会更容易得到自己需要的信息或技术，办公室内的任何交流都会畅通无阻。

用思维导图做讲座笔记

很多人用思维导图在讲座或研讨会上做笔记。想必每个人都有自己的一套画法。而另一方面，也有不少学员为绘制总结研讨会内容的思维导图而参加思维导图课程。还有不少人发现，自己独创的绘制方法总会遇到这样那样的问题。

这些人都希望自己能一次性画出漂亮的思维导图，在不知不觉间提高了思维导图的绘制难度。我建议他们不妨想一想：在研讨会和讲座上画思维导图的目的是什么？参加这些研讨会和讲座的目的又是什么？想必回答肯定不是“为了画出漂亮的思维导图”。

A先生（50多岁，公务员）

顺着会议资料中的关键词和发言人的重点词语，分支会自然而然地延伸下去。要是会议或讲话内容逻辑清晰，分支也会延伸得很轻松。

我从会议资料或提纲中选取关键词，以它们为起点延伸分支。要是关键词选得对，就会延伸出很多条分支。关键词不仅在文字资料里，有时还出现在发言人的讲话中。因此我认为，如果画出的思维导图非常整洁，就说明自己设定的关键词很正确，或者自己对发言人的逻辑和讲话内容的理解是正确的。

② 今年度の研究テーマ

「生きる力を培う進路指導」

③ 研究推進の方向

ア 「生きる力」を培う啓発的な体験活動など進路指導のあり方について、特別活動の実践や総合的な学習の時間を通して研究する。

イ 進路情報資料として、引き続き「面接資料集」の冊子づくりを行う。

ウ 情報提供のあり方（進路説明会・進路相談・進路指導室の運営・コンピュータの利用など）について研究する。

エ キャリア教育を進めるために、小学校・中学校さらには高等学校との連携をいかに進めていったらよいか研究する。

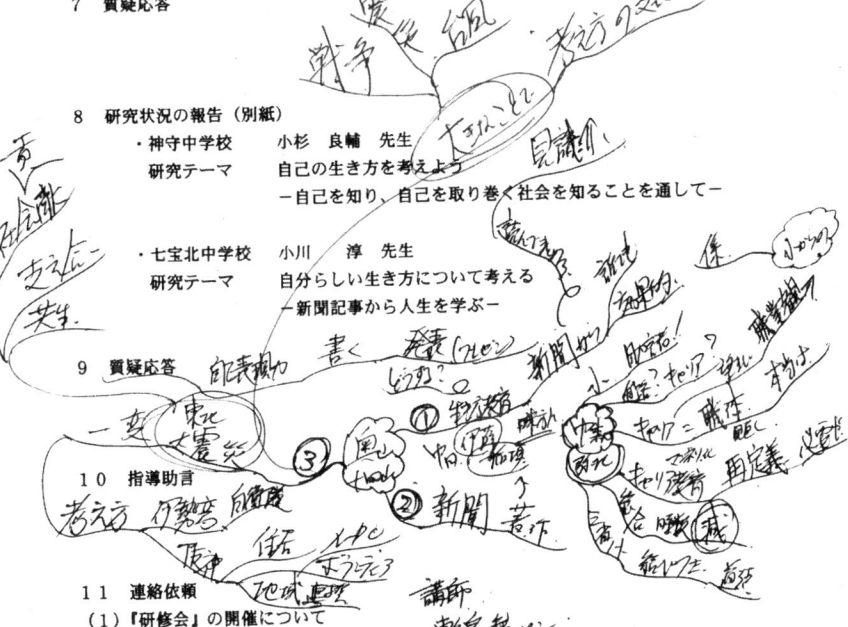

7 質疑応答

8 研究状況の報告（別紙）

・神守中学校 小杉 良輔 先生

研究テーマ 自己の生き方を考えよう

－自己を知り、自己を取り巻く社会を知ることを通して－

・七宝北中学校 小川 淳 先生

研究テーマ 自分らしい生き方について考える

－新聞記事から人生を学ぶ－

9 質疑応答

10 指導助言

11 連絡依頼

（1）『研修会』の開催について

日 時： 8月23日（火） 午後

場 所： 佐織中学校

内 容： 講師の先生を招いて、キャリア教育についての話を聞く

＊ 詳しくは後日、案内文書を各学校に送らせていただきます。お誘い合わせの上ご参加下さい。

由于笔记只靠分支和词语，与在下划线的基础上补充信息的形式相比，记录的信息量有所增加，不会遗漏关键内容。最可贵的是，即便会议的内容枯燥无味，我也能寻找关键词、添加自己的想法或反对意见，积极主动地做笔记。

成为培训师以来，我最常用的思维导图也是讲座和研讨会中的笔记。起初我埋头于绘制思维导图，试图把讲师的话全部记录下来，却忽视了对讲座内容的理解。后来，我渐渐适应了用思维导图做记录，最终做到像会议纪要一样把所有信息一点不漏地记录下来。

然而，日后重新看看这些思维导图，却找不到重点，看不懂自己记了些什么。我意识到这样做是本末倒置，所以此后我只记录自己认为重要的、印象深刻的内容。这下子，笔记本的用法就发生了变化。我放弃了此前一直随身携带的思维导图专用笔记本，因为如果资料、提纲和思维导图完全分开，回顾的时候会很麻烦。

现在，我把思维导图直接画在发放的资料或讲义上。我画的这种思维导图非常潦草，既然投入时间和金钱参加研讨会，当然想把会上学到的知识转化成自己的，便把记录的重点集中在希望自己记住或实践的内容上。为此，应锁定记录重点，并“心怀取舍的勇气”。

思维导图是用单词记录的工具，如果你想把内容一点不漏地记录下来，也不是做不到，但这反而容易形成误区，让很多人陶醉于“用思维导图成功记录下所有信息的自己”。不要因为这种自我满足感而埋没了重要的讲座内容，建议先仔细甄别获得的信息，然后再画思维导图。

在讲座上，应该有不少人另拿一张纸做笔记。而在讲义上直接补充思维导图的方法便于保管，用起来也非常方便。

为演讲画一幅思维导图

无论身居何职，都免不了遇到不少致辞或演讲的机会。这时，我们可以当场画一幅简单的思维导图，把想表达的内容总结一下。

S女士（50多岁，公务员）

我要在会上作一个五分钟的致辞。我把想到的几个部分画成主支，然后充实了每条主支下面的内容。集会当天，我参考这幅图和时间（手表）完成了演讲。我不仅把想说的内容一条不漏地都说了出来，而且重点分明，避免了念稿子的平淡无味，让我觉得这次致辞表现得比以往都更出色。

在忙碌的日常生活中，我们不可能事先把写好的稿子一字不差地背下来，可是，发言时念稿子又显得不够高大上！话虽如此，脱稿演讲又容易因为忘词而乱了阵脚……

只要把想表达的内容整理成思维导图，就能抓住重点，对演讲大有帮助。不用反复细看就能记住线条的颜色和位置，这是思维导图的一个优势，而且熟练以后，还能直接在脑内画导图，一边回忆一边演讲，这便是思维导图的一大魅力所在。如果用分项列表打草稿，一旦忘记

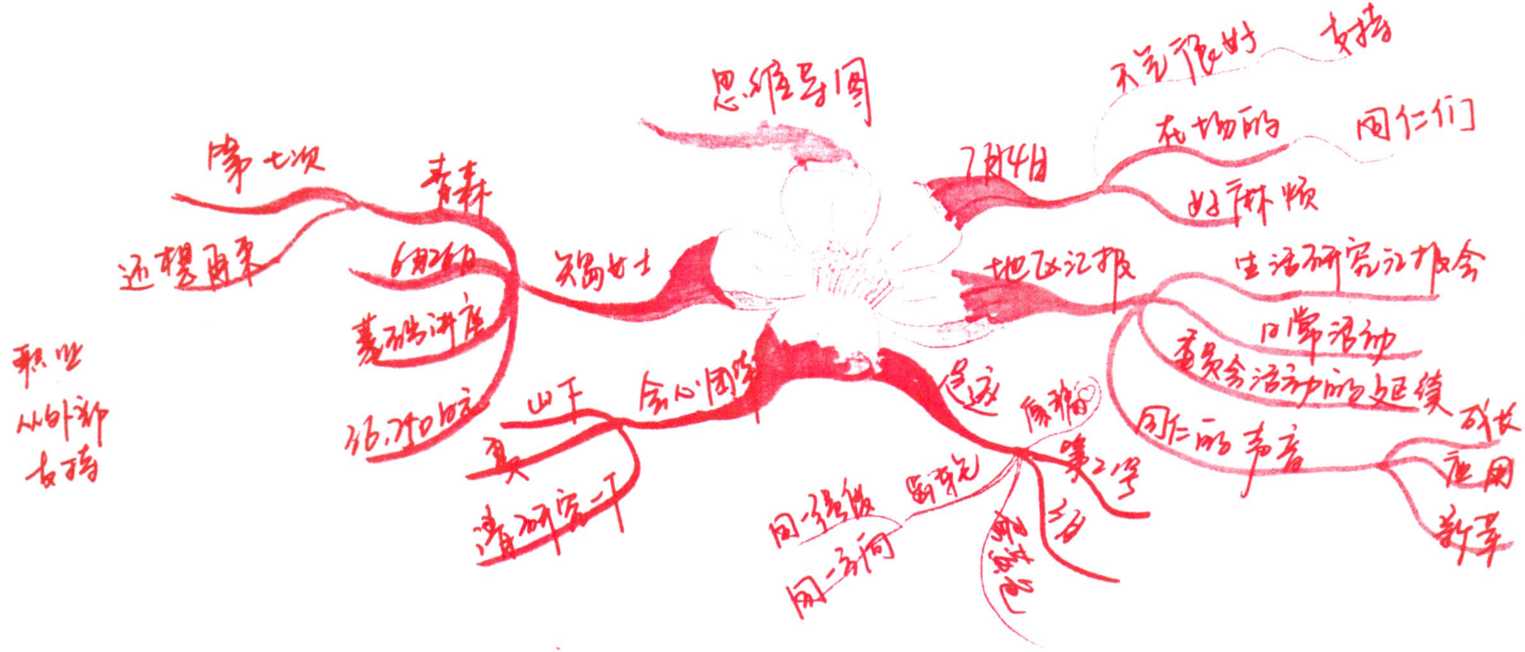
思维导图
7月4日
在场的
同仁们
支持
地区汇报
生活研究汇报会
日常活动
同仁的声音
成长
应用
新芽
第七次
基础讲座
会心团结
山下
积极
支持

2011.7.3

一项，就算记得下面的内容，讲话顺序也会被打乱，因此很难压缩或充实讲稿的内容。

这幅思维导图中的部分内容没有严格遵守1分支1词语的规则，但作为演讲稿已经能足够派上用场了。

总结发言的思维导图

我还是一名专业教练，用思维导图记录教练式培训的过程。延伸出很多线条的部分大多是学员思维活跃且灵活的部分；线条很少的部分则可能是没有思考出结果或是钻了牛角尖，思路不够灵活。

此外，我还利用思维导图对学员的一系列回答进行总结和反馈，很多学员的思维高度因此得到提升。也就是说，思维导图能帮助人们客观地审视自己。

接下来介绍的思维导图是小学保健老师S女士为总结孩子的心声而画的。倾听方和诉说方都能用思维导图确认交流内容，因而常被应用于心理咨询和教练式培训。

S女士（50多岁，小学保健老师）

有一天，一个孩子走进了保健室。从神态和话语来看，他似乎有很多不安和烦恼，之后很可能躲进保健室，不再回到班上上课了。我觉得不能放任不管，得尽早采取相应对策，于是在他来到保健室的第二天，就用思维导图和他进行了交流。

我们不可能马上进入正题。起初，为了让他适应用思维导图做记录的形式，我先和他聊了一些简单的话题。而这幅思维导图是我们画的第

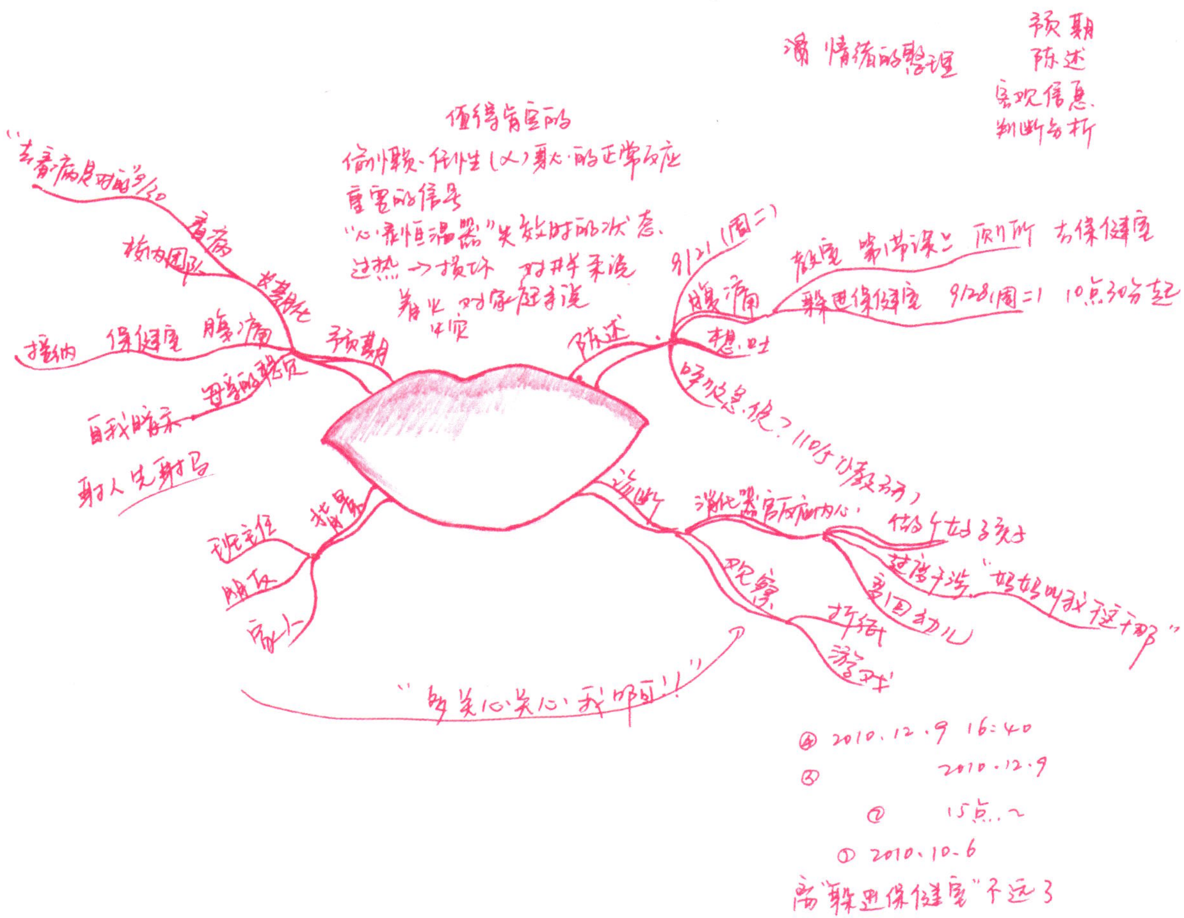
情绪的整理
预期
陈述
客观信息
判断分析
值得肯定的
偷懒、任性（父）默默的正常反应
重要的信号
"心灵恒温器"失效时的状态
过热→损坏 对ች来说
着急 对家庭来说
陈述
9/21（周二）
腹痛
教室 第节课之 厕所 去保健室
躲进保健室 9/28（周二） 10点30分起
想吐
呼吸急促？110个/数分）
诊断
消化器官反应内心
做个好孩子
过度干涉
"妈妈叫我这样"
意图幼儿
观察
拆信
游戏
预期
看病
接纳 保健室 腹痛
自我暗示
射人先射马
探望
班主任
朋友
家人
"多关心关心我啊！"
④ 2010.12.9 16:40
③ 2010.12.9
② 15点
① 2010.10.6
离"躲进保健室"不远了

6幅，它不仅让孩子没有负担地表达出了自己的烦恼，这种直观可见的形式也让我顺利地分析出孩子心中的问题。

除此之外，我还得以把信息分享给孩子的班主任和其他老师，在事态恶化之前解决了问题。

班主任的看法、保健老师的看法……这些平时互不相通的信息也能在思维导图的平台上得到共享。在福利、保育、教育和医疗工作中，一个服务对象通常涉及多名工作人员，而部分自己掌握的信息或许别人并不知道。只要以对象为中心图像，相关人员把自己掌握的信息记在思维导图上，就能实现更为全面的信息共享。

此外，用思维导图总结对方的发言可以使听者更容易找出问题所在以及信息之间的联系，从而获得更深刻的理解。

用思维导图调整工作内容

接下来是一幅调整工作内容的思维导图。

不少人认定思维导图必须是五颜六色的，或者必须画插图，并因此敬而远之。但我认为，思维导图是一种更加自由的工具。

把必须高效完成的工作放在一旁，而花很多时间在中心图像和挑选彩笔上……这样做恐怕会遭到同事们的白眼吧。实际上，我听说有些公司确实明令禁止在工作中使用思维导图，其理由就是“就知道拿着彩笔涂鸦”。

这些公司或许对新事物抱有强烈的抵触情绪，但这也说明我们把思维导图引入工作时需要下一番功夫，不能一上来就严格遵循所有规则绘制完整的思维导图。很多办法可以缓解周围人的抵触情绪，比如，可以先自己若无其事地用黑笔画导图，等周围人对它产生了兴趣后，再介绍给他们。

面对新的工具，有些人乐于接受，而不少人会心怀戒备。因此，应先充分了解周围人的心理特点，在此基础上再思考如何将思维导图引入工作。一味地宣传思维导图可能反而效果不佳，用思维导图做出成绩并引发周围人的关注和好奇才是最佳的推广方法。

N先生（30多岁，公司职员）

我在本地的建筑公司工作，负责木制房屋的设计和预算。去年我被调到了新岗位（预算科），开始正式接手预算工作。以前我也做过变更报价书等有关报价的材料，但还是第一次独立给新建住宅做报价。

我们公司的预算系统是在Excel表格计算的基础上独自构建的，而且这个工作至今一直固定由一名员工负责。他很熟悉这项业务，但其他人做起来就会遇到各种问题。我的终极目标是让公司的所有员工都会用这个预算系统，因此我认为有必要对系统本身进行简化。

于是，我最先进行的是“缩短人工计算（不靠计算公式，直接在图纸上计算出来）项目所需的时间”。为了明确问题和亟待改进的地方，我决定画一幅思维导图。思维导图的优点就是能开“一人会议”。一个人也能在和自己交流的过程中想出很多主意。看着画好的导图，还能了解自己过去的想法，这点我也很中意。

拿起笔，我最先思考的是该从何处下手：筛选目前正在进行人工计算的项目，并同时思考怎样消除人工作业中的遗漏。在思维导图中，即使同时思考两三件事，也可以轻轻松松地把所有点子分门归类记下来，非常方便。这是我在思维导图课堂上学到的本事。

画着画着，我有了一个新发现：人工计算中还包括“数量中有一定规律的计算”和“报价变更操作非常简单的计算”。我想，如果把这些转化为表格计算，就能缩短一些时间。接下来，我进一步挖掘哪些项目包括这两种计算，并同时思考应在表格计算上创建哪些项目。我还试图进一步锁定目标项目的范围。

刊登在这本书上的就是当时画的思维导图。我参照这幅导图开始在Excel上创建表格计算。由于所需项目一目了然，我很快就完成了表格（与其开着Excel冥思苦想需要算什么，不如事先把思路落实到思维导图上

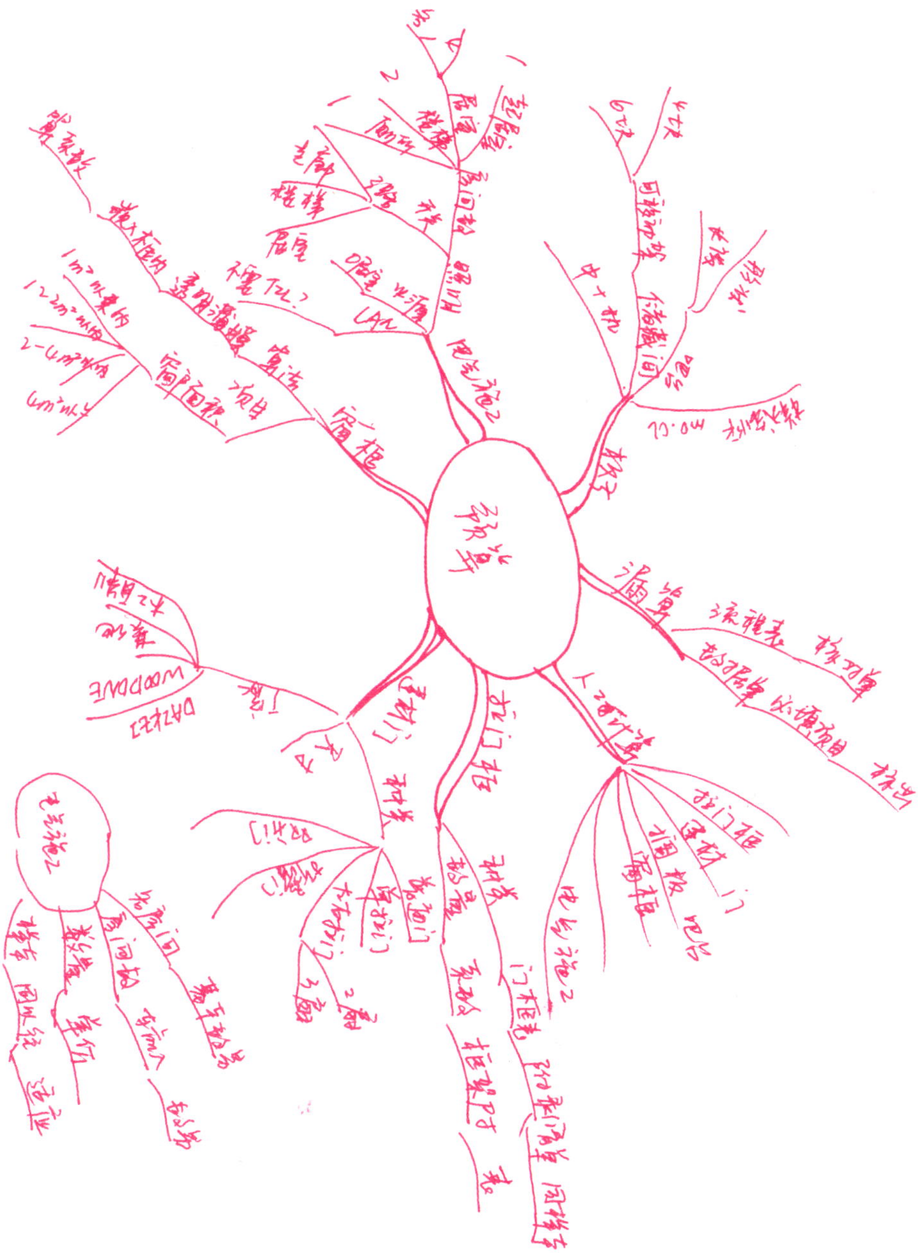

更能减少疏漏和用时！)。

用了这个表后，人工计算的速度明显变快了。尤其在“报价变更操作非常简单的计算”中，查找疏漏和检查变更数量也容易多了。就算是不熟悉预算的我，也能很快锁定出错的地方。这个表还在试用阶段，今后我会一点点改良它，让它成为为公司所有人服务的工具。

大部分操作手册和写有工作注意事项的资料都采用分项列表的形式。遇到不懂的地方可以查阅这些文件，但当事人也不知道自己需要的答案写在哪里，找起来非常费劲，而懂的人就知道到哪里找，这样就进一步拉大了员工之间的能力差距。

当然，内容详实的操作手册是必不可少的，但如果把它总结成一幅思维导图，日后查找起来就会很方便。要想画出简明易懂的思维导图总结，必须全面掌握手册的内容，这要比阅读一遍更能加深理解。

总结书本或教材的思维导图同样具有这种作用。但如果只是把想到的内容随意写在分支上，是画不出有用的思维导图的。最初的一两层分支上应选择什么单词？这些分支下要分出哪些内容？在构思反映出层次感的思维导图时，自然而然就会对内容加以理解。

就算不能涵盖所有信息，只要把大致内容记在思维导图上，也会拉近自己和手册的距离。思维导图这种媒介减轻了我们对手册的反感，使我们放下负面情绪去理解手册内容。只要感到“简单易懂”，学习积极性也就上来了。

我们可以像N先生那样，用思维导图决定将哪些内容写入手册。思维导图使我们在对整体有所理解的基础上思考手册中应该按什么顺序写入哪些内容，因此能完成一部好用的手册。虽然是一幅黑白的小型思维导图，但它帮助作者找出了问题所在，充分发挥了作用。

为实现计划而制定的思维导图

下面这幅思维导图将作者的创业梦想转化为了实际行动。

不只是创业家，人人都拥有梦想，心怀想做的事和想要实现的目标。梦想的大小因人而异，但梦想能否实现，则要看人有没有行动力。只是笼统地想“有朝一日要……”的人不会知道自己需要考虑什么、做些什么；只有下定决心要实现梦想的人才会逐渐认识到自己哪些事办得到，哪些办不到。

进一步来说，在思考的过程中，我们还会发现这个梦想到底是自己真正想做的事，还是可以由其他事物代替的欲求。如果愿望不是非得独立创业才能实现，比如想要更多的休假、想让别人认可自己的工作成果，或者想尝试一下其他业务，那就不一定非要创业。岗位调动、和领导同事增进交流、管理工作时间等方法都能帮你实现这些愿望。

自己为何想实现这个梦想，又要如何实现这个梦想，思维导图将会帮助你深入思考这些问题。

N先生（30多岁，企业经营者）

从五六年前起，我一直有一个创业梦。但是起初，这个梦想的实质说白了就是“想赚大钱！”正因如此，我从没想过自己独立（创业）后

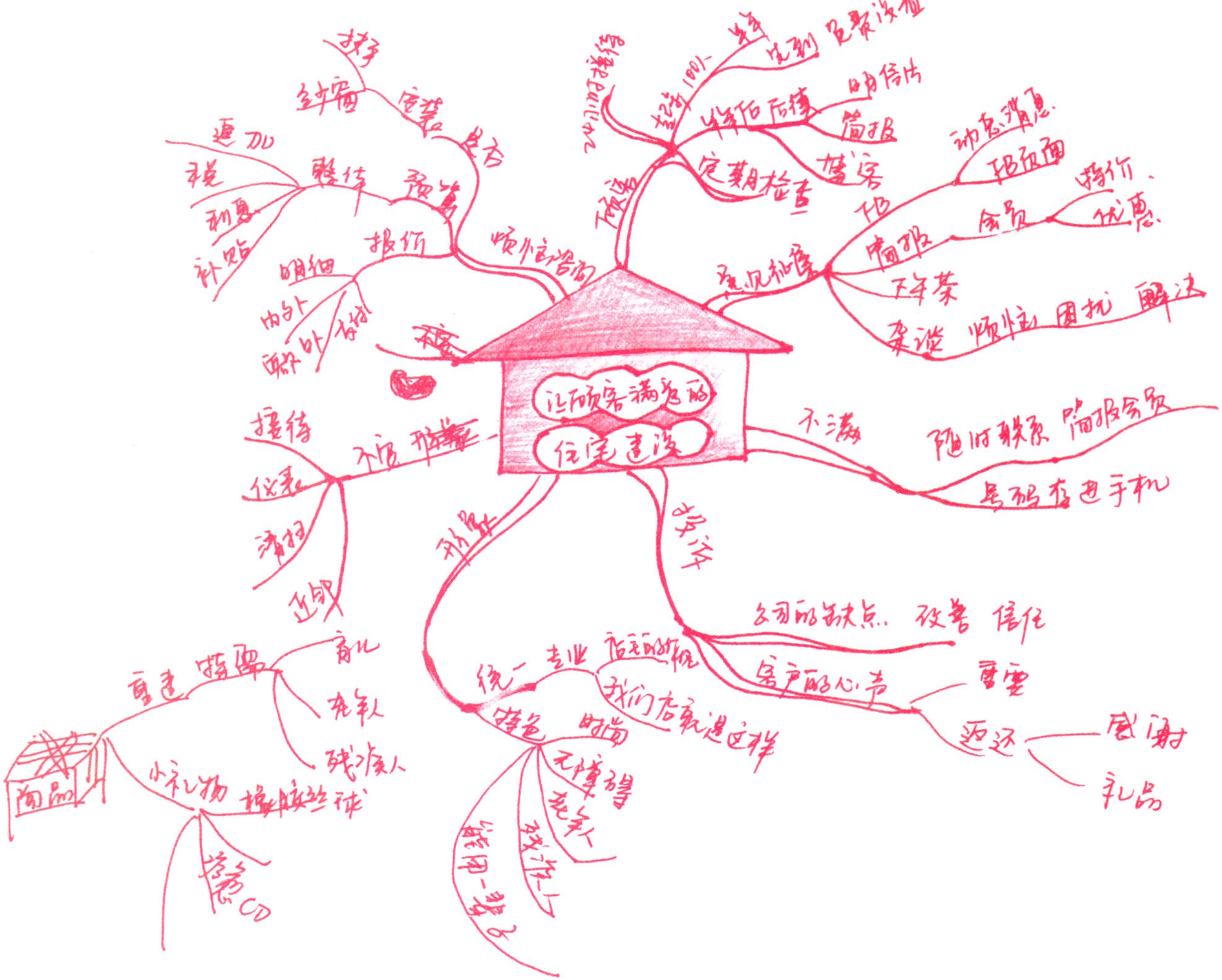

让顾客满意的
住宅建设
顾问咨询
报价
明细
预算
整体
利息
补贴
定金
全款
不满
随时联系
简报会员
号码存进手机
意见征集
简报
会员
优惠
下午茶
杂谈
烦恼
困扰
解决
定期检查
投诉
公司的缺点
改善
信任
客户的心声
重要
感谢
礼品
统一
专业
我们存在这样
特色
时尚
无障碍
老年人
残疾人
小礼物
商品
接待

能做什么，只是一味地大谈（没有信念的）梦想。

为了创业，我开始尝试各种各样的工作。但因为一心只想着“赚大钱”，结果连遭惨败，也赔了不少钱。不过，在运作的过程中，我结识了多方人士，也读了很多书，我逐渐意识到，光靠“想赚大钱！”的想法绝对成功不了……何止成功，连事业也搞不起来。

我积累了很多知识和经验，不断尝试，不断失败，经历了各种考验。在此期间，我感到自己依稀看到了心中理想的“创业愿景”。我想，只要运用积累下来的经验，就能开创一份获得快乐、满足感和效益的事业。但我不清楚当时的市场环境和具体要做哪些事，于是决定用思维导图做一个整理。

画思维导图的第一印象是：要做的事原来有这么多。创业者要独自迈出第一步。我不由得羡慕起那些公司职员，每个部门的每个项目都由好几个人共同负责，真是幸福。但我坚信：“有些事只有自己才能做到。”继续画图，越画灵感越多。我喜爱并注重思维导图，因为它能激发出各种关键词，其数量之多超乎我的想象。

其中自然有我平日的所想所感，还包括过去听到的、书上看到的以及对话中出现的信息，甚至还有自己曾经想过但一度忘记了的内容，它们一个接一个浮现出来。关键词之间相互关联，又会带出新的设想和创意。

一旦把梦想落实到图上，我就明白了自己想走什么道路，至于这到底是为满足自己的愿望，还是为他人提供帮助，我也自问自答了一番，明确了想法。作为一名专业人士、一个人，现在的自己能为他人做些什么？为了达到这个目的还需要什么？我逐渐看清了自己能做的以及必须要做的事。

明确了前进方向和自己的想法，心情也如释重负一般轻松了不少。

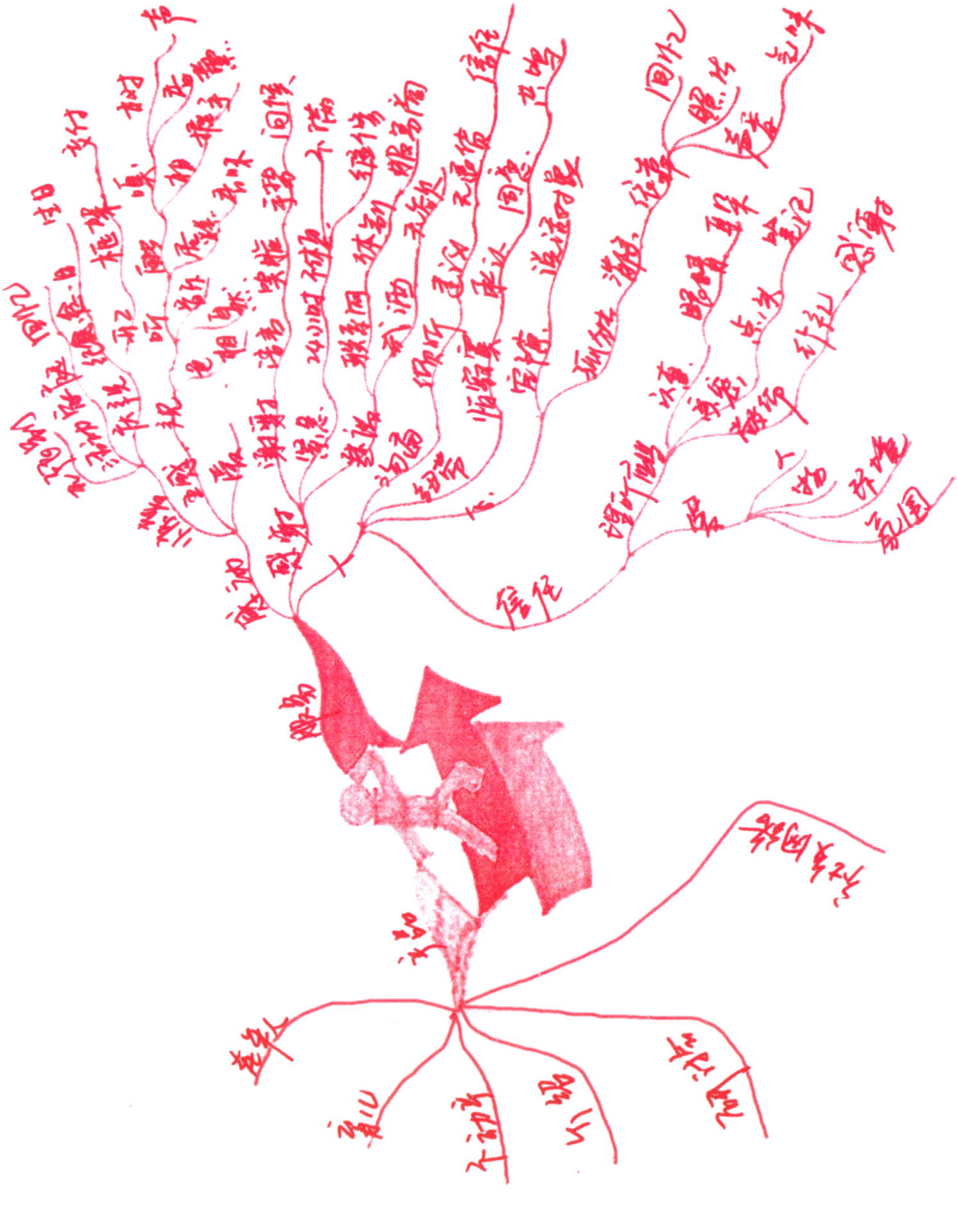

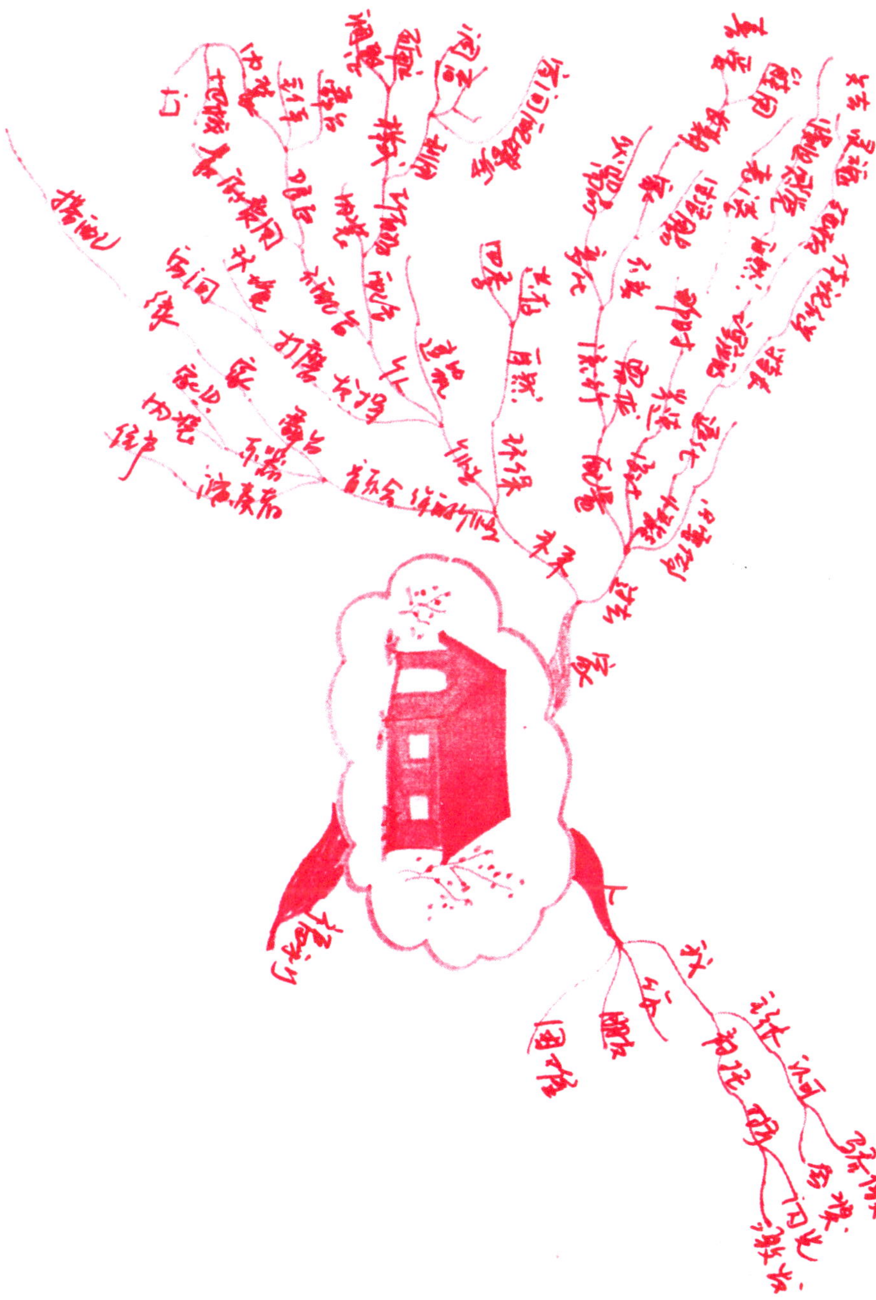

思维导图上只记了该做的事，省去了很多不必要的工作。用思维导图之前，我总是把脑子里想到的东西凌乱地记在草稿本上。这样容易出现疏漏。用了思维导图后，一张纸就可以记下所有必要事项的关键词，疏漏也少了很多。

日后只要看一看思维导图，就能迅速回想起来，非常方便。它增强了我的自信心，使我更积极乐观地投入创业。偶尔感到不安时，我便拿出思维导图重新看一遍，就能找回自信，积极向前看。

明确自己的信念后，收集信息的方式也发生了变化。我已经知道哪些信息是自己需要的，故而能有针对性且高效地收集。无论是阅读还是参加会谈或讲座，我都能按照所需信息的关键词把相关内容挑出来。

我的言行举止也发生了变化。在待人接物和谈吐上，虽离完美距离尚远，但至少懂得顾及他人了。人这种生物只能按照自己的信念行动，而随着信念逐渐明晰，我在行动上也有所改观，这让我非常欣喜。

像涂鸦一样的思维导图（东尼·博赞先生，恕我直言！）如今成了我不可或缺的思维工具。今后我也要将它运用到各种场合中去。

当初刚开始教思维导图的时候，很多学员将思维导图视为“魔法棒”。他们以为不论是工作中的问题还是未来的难题，只要把它们同时画在一张纸上就能得到解决，但尝试后却碰了壁！部分学员还曾问我为什么会这样。

在上面的案例中，N先生围绕创业这一主题画了多幅思维导图，我认为这种做法使导图充分发挥了效用。越是重要的问题，越应从多角度进行分析，这样才让人放心。通过反复绘制思维导图，自己的信念也会愈发坚定，还能得到周围人的理解，并保证了收集必要信息所需的时间。

绘制思维导图时常会一次性得到许多新发现，很多人会满足于此而止步不前。但我建议大家在面对复杂或关键的问题时，务必多画几幅思维导图。

N先生的思维导图线条稍长，这是他在过去自学时养成的习惯。不过，能看出思维导图给他带来了不同于分项列表的思维方式。此外，自问自答的方法可谓是一种自我培训，想必他通过这种形式理清了自己了解什么、不了解什么。

规划未来的思维导图

最后，我介绍一幅规划未来的思维导图。

很多人会在过年或过生日时绘制思维导图，规划即将到来的一年。思维导图画起来十分有趣，能让人心情愉快地思考问题。不过，这个“心情愉快”其实是一个陷阱。因为在想方设法添加插画，琢磨用色、线条粗细和图画整体的平衡感时，我们思考的重点会偏离规划未来的初衷。

规划未来的重点不在于制定计划，计划是为了实现而存在的。正如我之前反复提到的，如果陷入了“本末倒置，偏离初衷”的状态，那就太可惜了。

其实我一开始也满足于画起来心情愉快的思维导图，但现在我放弃了这种想法，因为我意识到实现计划所需的具体数值更重要。通过设定期限和目标值，我会更深入地设想“如何实现计划”。

如此一来，就能在享受缤纷色彩的同时认真地绘制思维导图，并使它落实到具体的行动计划中去。

顺道一提，这幅思维导图是我自己的未来规划图。公开自己的规划确实需要几分勇气，但我还是把它收录进来，权当自己的“未来宣言”，望大家笑览。

思维导图是一种相当便捷的工具，只要自己目标清晰，即使知识经

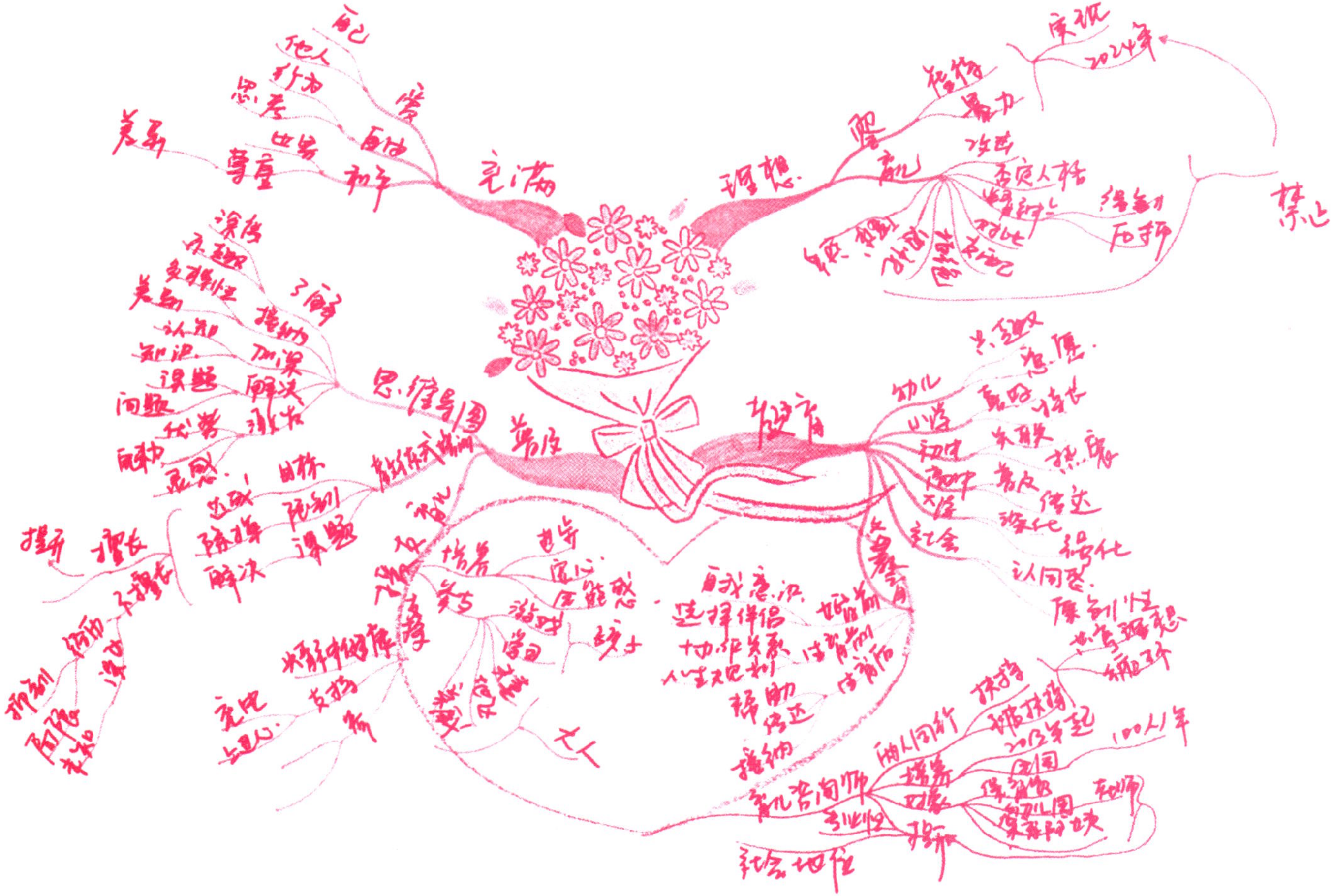

充满
理想
思维导图
性教育
禁止
关系
尊重
和平
自己
他人
行为
思考
世界
暴力
家规
2024年
问题
解决
知识
认知
课题
了解
加深
目标
选择
限制
控制
拒绝
指导
自由
支持
目的
尊重
社会
幼儿
小学
初中
高中
大学
心理
信念
自我意识
选择伴侣
婚前
生活
帮助
传达
接纳
育儿咨询师
社会地位
对象
孩子
幼儿园
100人/年

验尚有不足，它也会替我们弥补。就算遇到了难懂的事物，思维导图也会帮助我们转化为简明易懂的内容。

然而，只要有些许差异，这么厉害的思维工具就会变成纯粹的图画。如果大家通过本书中介绍的诸多案例领悟到思维导图真正的精髓，那便是我的荣幸。也希望大家在取得成果时，能够体会到思维导图的伟大之处，并对自己的能力充满信心。

5

思维导图的七条规则

前四章介绍了思维导图的很多优点和功效，但只有亲自动笔画一画，才能实际体会到它的好。为此，我们有必要先来了解一下思维导图的画法。

或许你觉得阅读文章又难懂又麻烦，可只要动笔尝试一下，就很容易理解了。请务必坚持看完所有规则。我在前文中曾经提到，规则也是可以打破的。但是，不懂规则的人弄错规则和在充分理解的基础上调整规则，两者的效果截然不同。为了作出适合自己的调整，也要首先掌握思维导图的基础规则。

进入正题。思维导图共有7条规则，把它们按照绘制导图的步骤排列，就会理解它们的含义。

①“纸张”上；

②画“中心图像”；

③使用“颜色”；

④延展“线条（分支）”；

⑤在上面写下“语言（词语）”；

有了这几条规则就可以画思维导图了。而余下的两条规则是：

⑥“层次化”；

⑦“TEFCAS”。

很多杂志和书籍都介绍过思维导图的规则，想必一些读者已经对其有所了解。我在本章中加入了一些在课上深受学员好评的独家讲解，相信已经了解规则的人也能读得津津有味，尤其推荐那些“总是画不好”的人务必看一看。

有的部分光看文字或许不太好理解，建议结合本书中收录的思维导图实例一起看。

纸张——寻找笔感好的纸张

挑选纸张有三个要点,分别是“种类”“规格”和“朝向(摆放方向)”。

先选纯白色

第一点是“种类”,即使用没有格线的白纸。

市面上出售的记事本大多印有格线,而思维导图的关键在于让线条(分支)自由自在地伸展,所以印有格线、方格纹或点线的记事本多少会影响到思维导图的绘制。

根据个性选择A4纸或A3纸

第二点是“规格”。通常认为A4以上为宜。

据说,A4规格一眼就能看遍纸上的所有内容。过小则画不下思维导图,过大又不能一目了然,所以A4纸算是比较适中的吧。

不过,我在课堂上还会照顾到学员的性格特点。对于看到留白过少就担心“画得不够全面”的学员，我推荐从较大的A3纸起步；而对于看到留白过多就惭愧“自己怎么画不出东西”的学员，我推荐从较小的A4纸起步。

如果手头没有A3纸，也可以跨页使用A4规格的笔记本。若从常见的规格考虑，也可以跨页使用B4规格的笔记本。

有些人的线条（分支）细长而舒展，有些人的线条则和单词一样长，每个人都有自己的特点，初学者选用适合自己的规格即可。

熟练以后，还可以在自己平时随身携带的手账上画思维导图，不过在熟练之前，还是有必要使用一定规格的纸张。

根据眼球的转动选朝向

最后的“朝向（摆放方向）”很简单，就是要横着摆放纸张的意思。“思维导图诞生在英国，所以要横着写”，有时我会开这种玩笑，但这个要点并没有那么简单。

首先，请坐在椅子上挺直后背。听到“请保持这种状态环视周围”的命令后，你会怎样转动脖子呢？在课上，几乎100%的学员都会左右转动脖子，等左右看完后，才开始上下看。

也就是说，比起上下伸展的细长景象，我们更容易认知左右展开的景象。于是，纸张也要横着摆放。

我还曾看到一些学员在素描本上画思维导图。素描本的纸确实又大又白，但纸张表面凹凸不平，笔感可能不会很流畅，或出现线条（分支）上色不均的情况（不过最近的素描本也不能一概而论）。

这些问题会成为阻碍思维发散的因素，当你觉得不顺手时，建议更换纸张。遇上笔感好的纸张会给画思维导图增添更多的乐趣。

中心图像——不需要漂亮的“画”

这条规则也包括三个要点：“内容”“时间”和“大小”。

不需要漂亮的“画”

首先是“内容”。思维导图中最引人注意的部分当属画在中央的“中心图像”。思维导图刚在日本普及开来的时候，几幅画得非常漂亮的导图被当作样本大力宣传，造成了一种“画得好才是思维导图”的印象。在我的课上也常有学员苦恼于自己不会画画。

但是，我们要画的是“中心图像”，而不是“中心图画”，没有必要把它画成漂亮的“画”。只要用颜色和形状将自己的“心中影像”如实地反映出来即可。就算是随意几笔画出的中心图像，其用色和形状也可以体现出当时的心情。

或许有人觉得，“这样画别人看不懂吧”，无须担心，其实还是能看懂的。而且，大多数时候，思维导图是画给我们自己看的，所以大可不必考虑别人能否看懂。自己看得明白才是最重要的。

因为“画不好中心图像”而放弃画思维导图，这实在是太可惜了。

船到桥头自然直，画着画着就会画了。

五分钟的热身运动

描绘中心图像所需要的“时间”约为五分钟。

大脑分为“右脑”和“左脑”，一般认为多数人在日常生活中没有充分活用右脑功能。科学研究发现，让右脑活跃起来需要一定时间，而这个时间大概是五分钟。

我在课上让大家画第一幅思维导图的中心图像时，会留出七到八分钟，有时甚至会延长至十分钟。这是考虑到刚上课不久，学员们还没有完全放松下来，或者还不适应第一次绘制。

画完一两幅图像，人就会进入状态。而这个过程恰恰需要五分钟左右的时间。推荐大家用最初的五分钟绘制中心图像，作为思考导图内容并集中精神的热身运动。

插图不仅限于中心图像，还可以扩展到整个思维导图中。博赞也曾说：“一张插图相当于千个单词。”不要执著于单词，适当加入图像可以让思维导图变得更加充实有趣。

标准是一拳大小

最后一个要点是“大小”。中心图像的大小在直径五厘米左右。有人担心剩余空间太少会不太好画，就把中心图像画得略小。但其实，把中心图像适当画得大一些反而更方便后面的绘制。要是中心图像太小，就不方便延伸出线条（分支）了。

在课上，即使我告诉大家具体数值，大部分学员还是会画得很小，因此我建议大家参考“一拳大小”来画中心图像。

此外，线条（分支）多为横向延伸，所以竖长的中心图像更方便分支的延展。如果要在横宽的中心图像上画主支（中心图像中伸出的第一级线条），不知为何主支会变得很长。因此，如果有两个备选方案，一个横宽一个细长，那么选择细长的中心图像会让之后的分支延伸得更轻松。

不过，话说回来，只要把这一步也练熟了，中心图像的形状就不会再影响你延伸分支的效果了。

大脑的最佳语言：想象与联想

我会在课上让学员制作一张用于自我介绍的名卡。把一张A4纸折成四等份，也就是15厘米×10厘米左右。我要求学员在这么大的空间内写上自己的名字，还要画上自己喜欢的东西。有些学员最初会陷入沉思，但我就是要他们画“自己喜欢的东西”。

这样安排是为了让学员用名卡作“他人介绍”。所谓他人介绍，就是把自己的名卡交给别人，让别人根据名卡介绍自己的小游戏。如果名卡上什么也没画，拿到它的人可就犯愁了。所以，大家自然会想“一定得画点什么才行”。我还设定了七到八分钟的时间限制，总之就是非画不可。

结果，画完一幅还想再画一幅，逐渐就进入了状态……这样的人占绝大多数。过了一会儿，不少人开始给名卡四周画花纹，或者给名字加上立体效果，到时间后，很多人还没有停笔。

接下来交换名卡，然后介绍自己拿到的那张名卡上的人。我在这个阶段也会提出一个要求，那便是“从插图中想象那个人的生活，并把它介绍出来”。很多人因为自己刚才也一直在画“插图”，就会去想“这幅插图画的是什么？”不过，画功的好坏不会产生任何影响。

在七条规则的光芒下，人们往往忽略了一个关键：将思维导图运用到极限的途径其实是“大脑的最佳语言”，即“Imaging & Association”，译为“想象与联想”。运用这种“大脑的最佳语言”，思维导图的功效会提升不少。

假设名卡上画了一个太阳。介绍时只说“这是一个太阳”，就会很没劲。可如果想象一下图画所反映出的那个人的生活情境，图画就被赋予了内涵。

“他很喜欢充满阳光味道的被子，每到休假日都会勤快地晒被子”，“他是一名运动员，喜欢在阳光下挥洒汗水”，在不同的介绍中，“太阳”图画的作用也大不相同。名卡上名字的位置和颜色、图画的布局，还有作者身上散发出的气息……我们可以从名卡这一媒介中收集到无穷无尽的信息。

相反，游戏禁止向作者本人提出与图画有关的问题，比如“这个画的是什么？”这也是照顾到作者的心情（毕竟要是知道别人没看懂的话会很受打击嘛），更是为了达成游戏的两大目标——拓展想象力和增强感受力。当然，给图画配上说明也是不可以的。

通过这种介绍他人的游戏，介绍的一方能切身体会到“想象与联想”的乐趣与重要性，被介绍的一方也会惊讶地发现“原来别人能看懂自己的画”，从而增强自信。

颜色——总之就是要五颜六色！

第三条规则是“颜色”。这条规则非常简单，用博赞的话来说就是“总之要使用颜色”。

每种颜色没有特定的含义。没有规定必须以哪种颜色开始或结束。总之就是要充分使用各种颜色。

“开始画思维导图以后，挑选颜色成了一件趣事。”一位听我课的职场人士如是说：“我的工作不是黑色就是蓝色，最多也就加上红色。而现在面对橙色、黄绿色、粉红色，只要想想该用哪种颜色就雀跃不已。”

色彩是大自然的体现，我认为光凭色彩大脑就会受到刺激。

你知道医院病（Hospitalism）吗？“二战”后，英国的医疗设施从卫生层面考虑，一律使用白色。白墙、白床单和身着白大褂的护士，在这样一个白色世界里长大的婴幼儿被认为容易患上身心疾病。

正如“monotone”（单色）一词来源于“monotonous”（无聊的），心情受到颜色的影响。从这个角度来说，用黑笔（或蓝笔）在白纸上画画的行为本身或许就是不自然的。

我在课上总是建议大家有意识地选择颜色。在围绕重要且严肃的问题画思维导图时，我让大家刻意挑选自己喜欢的颜色或亮色。这样可以一扫消极的心情，乐观地分析问题。

只要拿几幅平时画的思维导图出来比较一下，就会发现自己喜欢什么样的配色。希望大家都能享受色彩游戏的乐趣。

唤起流畅的思路

至于用笔，我通常推荐钢笔，尤其是水性钢笔。彩色铅笔着色较淡，有其独特的粗糙手感，中途还可能需要削铅笔。从笔感来看，一些人对圆珠笔敬而远之（不过，也有人觉得能平日随身携带这点很方便）。

水性钢笔不存在以上这些问题，它的笔感流畅平滑。虽然有些人不喜欢水性钢笔的鲜明色调，但是最近市面上出现了色调柔和的水性钢笔，说不定会是一种不错的选择。

很多思维导图爱好者会区分使用粗笔和细笔。看笔感，还要看颜色……渐渐地，不少人开始对文具（笔和本子）有了自己的讲究。

流畅的笔感激发流畅的思路，这么想的应该不止我一个。很多人肯定都曾有过这种体会：只要笔迹断了或笔头劈了，笔就会停下。一旦停笔，思维就停止了，精神集中的状态也就被切断了……博赞也曾说："在文具上要奢侈一些。"好的工具或许就能唤起流畅的思维。

分支——性感曲线最理想

第四条规则“分支”包括“形状”“粗细”和“长度”等三个要点。

性感的分支

这条规则的根本要领是“延伸有机曲线”，很多人想象不出“有机曲线”到底是什么样的，对此，我总会这样解释：“有机曲线就是性感的曲线。”比如参考女性腰部S形曲线设计出的饮料瓶，瓶身的线条就是性感曲线。

光是看着流畅曲线铺满纸面，就让人心情舒畅。画出流畅的线条后，兴致和干劲都会有所提升。

线条的绘制技巧在于根部粗尖部细。把它比作“走之旁”的最后一撇儿或许更好理解。

一次经历让我深深体会到，分支的流畅和思维的流畅是相辅相成的。当时我想表达一个信息，却总是表达不好，很是发愁。

分支用的是我一直惯用的颜色和形状。突然我决定换用平时不用的颜色，并把分支画成代表当时心情的锯齿状。结果令我大吃一惊，我竟然想出了很多不寻常的点子。奇特的点子止不住地往外冒，最终我还是回归了相对现实的点子，但这个经历给了我一个惊喜：原来流畅的分支和杂乱的分支之间居然相差这么多。

描绘分支并给它上色，这个简单作业会稳定心情，集中注意力。说得夸张些，就像抄佛经时心境逐渐归于平静的感觉。如果你能更加细微地感受到用心仪的颜色流畅地画出性感分支时的畅快心情，那么你就已经是一名思维导图爱好者了。

以上讲解的是分支的“形状”。

明确区分大中小

接下来说说“粗细”。从中心图像中最先伸出的“主支”最粗。当然也不是首尾一样粗，末端要画成优美的细尖。主支以及下面的二级分支和三级分支应尽量使用不同粗细的线条。

主支的线条中间要上色，而其下面延伸出的分支只需用细笔把线条描粗一些即可。这样一来，分支就分出了“粗、中、细”三个等级。

区分粗细后，一眼就能看出哪些分支上的单词更加重要，当然前提是分支之间两两相连。但如果在此基础上还区分粗细，思维导图就会变得更加清晰易懂。

注重分支与文字的平衡

然后是“长度”，也就是分支的长度和分支上的文字的平衡问题。

初学者的思维导图常会出现这种情况：10厘米长的分支上只写了两三个字。大家可能注意不到，这样一来阅读文字时目光就要沿着分支移动。

一旦视线分散到各处，注意力和情绪就很难维持稳定。

东京大学的池谷裕二副教授是简明解读大脑研究的专家。他在著作中提及了一个比较心理实验。实验发现，人在比较两张并排摆放的照片时的感情波动幅度大于比较在同一位置先后出现的两张照片（类似于拉洋片）时的感情波动幅度。换言之，避免眼睛在认知过程中过多转动对思考更加有利。

在思维导图中，如果分支和词语十分平衡，一眼就能读取信息。因此，在写单词时，请牢记“均等分配”的原则。熟悉后，很快就能判断出自己要写的单词要搭配多长的分支。

我的个人经验是，与其画一条较长的分支，字与字之间空出一定间距，还不如先把分支画得短一些，不够了再加长，这样更好画。长度大体控制在3厘米左右。日语单词多为三到四个字，3厘米左右的分支基本上可以均衡地承载单词。

思维导图“画有所值”

有些人“不喜欢那种弯曲的分支”，我总会告诉他们：用简单的圆弧就可以了。我在赶时间时画出的线条也不是那种性感曲线，有时甚至用平直的线。

不过，我建议至少把线条的尾部微微向上挑。多少往上挑一点，乐观指数就会跟着提升，日后回顾时也会感受这种情绪的变化。

我在前文也多次提到，思维导图是“画有所值”的，就算没有接受过专业指导，也请务必自学思维导图。在绘制中见成果，这才是最重要的。其次才是画得漂亮。

所以,我在此解说规则只是为了备用。大家可以自己先试着画画看,等遇到困难的时候再把规则翻出来看一看。

不过，我认为规则还是很重要的。自己琢磨出来的画法容易把自己局限在固有的思维框架里，而遵守规则反而能突破既往的思维模式，获得新的视角。正因为从未做过，才值得一试。

保持快乐的用脑状态

当你遵守了“单词长度和线条（分支）长度一致”的规则，思维导图上的分支就会长短不一、有粗有细，也就是说，不会觉得单调乏味。

按规则绘制思维导图并非难事，但需要思考很多问题。这些思考使大脑保持在“不无聊的状态”。“刚才想到的内容应该写在哪条分支下呢？”“要怎样用一个单词来表达呢？”大脑要同时思考多个问题，自然没工夫无聊。

也可以说，遵守规则将大脑设定到“快乐运作的状态”。所以，常画思维导图的人在日常生活中会感觉自己的大脑反应越来越快。

课堂上最受欢迎的内容其实是线条（分支）的绘制技巧。对于平日见惯了分项列表的人来说，那种“自由奔放”的线条（分支）似乎很难画。我自己在刚接受培训师进修和刚做培训师的时候，画的线条也很有列表的风格。

博赞曾经给我们培训师布置了一项任务:“画一百张思维导图。”确实，画上一百张，自然就会明白“该从哪里延伸线条”以及“如何充分利用纸张”。可是，一般人恐怕没有足够的耐心和时间为找到诀窍而画一百张。

因此，我会把自己总结的小窍门传授给学员们，即“仿照手掌张开的形状延展线条”。请张开自己的五指，是不是有点像思维导图中延伸的分支？

那些至今画过几幅思维导图但分支总是不够流畅的人看到这里，是否有一种恍然大悟的感觉？从未画过思维导图的人或许有些摸不着头脑，但只要“能画出像张开的手指一样的线条”，你的思维导图就能和培训师比肩了！

没有规定要求线条必须一致向外延伸，可以把线条往回引，也可以和其他线条交织在一起，随心所欲地快乐绘制才是最重要的。

语言（词语）——为每章起一个标题

第五条规则是“语言（词语）”。

一言以蔽之，即“线条（分支）上写的不是文章，而是词语”，并且，“语言（词语）也有粗细变化，用以表示词语的重要程度。”

从中心图像中最先伸出的线条（分支）名为“主支”。书通常分为很多章，每一章有一个题目（标题），简明地总结了该章的内容。在思维导图中，这个任务就由“主支”和记录在它上面的“词语”承担（主支上的单词的正式名称是“基本分类概念”[Basic Ordering Idea]）。

此外，主支上的词语要写得粗一些，下级分支的词语写得细一些。这样一来，词语的重要性就会一目了然。换言之，只要把线条（分支）和词语的粗细与重要性相结合，画出的思维导图一眼就能分出主次。这种清晰直观的体验也是思维导图的一大优势。

“1分支1词语”的规则

线条（分支）和单词的规则名为“1分支1词语”，即一条线对应一个词。这条规则是世界公认最难遵守的思维导图规则，但我认为它非常有助于构思创意和分析思考。所以，越是遇到关键的问题，越应当遵守这条规则。我常常收到这样的问题："分支上的词语是动词还是名词？"对此没有明确规定。动词、名词或者形容词……什么词都行。而且，尚未适应思维导图的初学者是很难严格遵守"1词语"的规则的。与其死磕"1词语"而搞得内容不知所云，还不如把要求稍微放宽一些。

另外，在思维导图的线条上写"词语"时，会自动省略表示词性和状态的助词。在日语中，很多词要借助助词才能明确含义，故省略助词的行为对初学者来说会有些不适应。实际上，最感到不适的是小学生，他们在学校学的是如何写规矩的文章，让他们一上来就用词语画思维导图，确实会有抵触情绪。我在课上允许这类学员用语句代替词语。只要熟悉了，渐渐地就能做到1分支1词语。

第二大常见问题是："一个词语可以重复出现好几次吗？"回答也是可以。反复想到同一个词语，就说明它对你来说非常重要，不要犹豫，大胆地往上写吧。看着思维导图中某一词语出现频率很高，或许会有新的发现。

接下来，第三常见的问题是"怎样给线条上的词语排序？"这个问题也没有正确答案。

比如，我们要把"昨天我和家人去看了电影"这句话分解成词语写到分支上，那么最初的线条（主支或者接近主支的线条）上应该写哪个词呢？"昨天""我""家人""看"和"电影"，这几个词语都可以。如果第一个词语是"昨天"，下面也许就会思考昨天做了些什么。下面如果接的是"我"，那么"昨天"的分支下或许还会平行伸出"老伴""儿子"或"女儿"等线条。

或者假设第一个单词是"电影"，下面要接什么词语呢？可以是"昨天"，可以是"家人"，也可以是"看"……接什么词都可以。如果接的是"家人"，或许思绪就会变成"我还和谁一起看了电影呢？"如果接的是“昨天”，或许更容易顺着时间轴去思考，比如，“再上一次看电影是什么时候？”“下次准备什么时候去看？”

分解分出新灵感

还是这个例子，如果我们在“电影”后面接“看”，或许就会联想到“拍”“买”等行为。于是，思维就从“昨天我和家人去看了电影”这样一幕平凡的生活场景跳跃到了“拍电影”。除了梦想当导演的人之外，一般人通常不会思考拍电影的事吧？

仅仅是变换了思维导图上词语的顺序，就有可能想出平日里根本想不到的内容。有的学员也向我表示，遵守“1分支1词语”的规则让他注意到了自己以往“固有”的思维模式，更容易找到新的视角。

此外，经过一步步分解，我们或许会发现一些能整合起来的部分。用刚才的例子来讲，如果和“我”并列出现了“老伴”“孩子”等分支，或许就会想把它们整合成“家人”。思维导图允许对内容进行整合，可以用“{”等符号把对象括起来，在下面延伸出“电影”的分支。

整合在日常生活中的便捷用法当属设计菜谱。把冰箱里的存货陆续写进思维导图，最终就会想出菜谱。思维导图不仅利于分解，还有助于发掘每个要素之间的关联。

用“联想”开拓思维

之前我一直用“分解”这种说法讲解思维导图的绘制，例如“分解主题”，但想必你已经注意到了，这同时也是一个展开“联想”的过程。之所以采用“分解”一词，是为了让读者形象地理解由大到小的过程，如果觉得这样反而难以理解，也可以把它当作一个“联想”的过程。

总而言之，想到什么就写什么。一开始可能做不到“由大到小”的展开和后面要提到的“层次化”。这种情况下，可以先把想到的所有内容写在另一张纸上，然后再思考如何画分支，把它们写进思维导图。

不过，放弃部分想到的内容、不把它们体现在导图上的做法是很可惜的，建议大家抱着想到什么就写什么的心情来画思维导图。例如，一个人在思考“开心”或“快乐”的事情时，即使脑海中突然蹦出了“坟墓”一词，也要把它如实地记下来。

说不定在他小时候，每到盂兰盆节，亲戚们就一起去扫墓，这份记忆一直存在于他大脑的一角，而此时作为“快乐的记忆”或“开心的时刻”联想了出来。在思维导图上写下“坟墓”，并往下延伸分支，这样自然而然就会进一步思考，比如“为什么想到‘坟墓’？”“对自己而言‘坟墓’是什么？”如此思考下去，肯定就会想起“儿时盂兰盆节的记忆”。

有关盂兰盆节和亲戚的其他记忆也会接连被唤起，他或许还会发现：和亲戚之间的来往越来越少后，自己觉得有些寂寞。这一瞬，他意识到了一份自己从未想象过的心情。如果他因为“‘坟墓’和‘快乐’无关”而没有写下这个词，说不定永远都不会察觉到这份心情。由此，他和亲戚间的来往不会增加（或者不断减少），在生活中总是觉得自己的人生欠缺了什么。

思维导图的线条非常独特，难免会在线条的延伸方法上花更多注意力，但线条上的语言才是最重要的。词语的选择会影响此后思维的延展方向，所以，在思考一个庞大的主题或想要深入挖掘主题时，建议尝试改变词语的顺序或词语本身，帮助自己选择一个不同以往的思维角度。

层次化——刻意为之则适得其反

第六条规则是“层次化”。

思维导图教科书大多这样解释：写基本分类概念、用数字标明顺序、明确关键词之间的关联、用放射性思维划分每个类别的层次并用连接表示延展和连锁……只不过，这种说明不好理解，所以我在讲座中不太注重这一部分。即便如此，我认为这条规则是一个关键，它决定思维导图会成为“思维工具”，还是止步于“有些特别的语言游戏”。

“层次化”很重要，但对思维导图初学者来说却是一个容易落入的陷阱，他们过于在乎这条规则，反而画不出东西。因此，我认为只要记得有这样一条规则就够了，大可不必深究如何遵守它。随着经验的积累，自然而然就会符合这条规则。反倒是当你画思维导图时觉得不对劲，那或许就是意识到层次化出了问题。

只是若不知道这条规则，思维导图可能会变成纯粹的“语言游戏”，我们也就体会不到思维导图的奥妙所在，故而一并介绍给大家。

层次化的规则可以分为“分层”和“排序”两部分。

分类可以往后放

比如“生物”这条线（分支）下分出了“动物”和“植物”的线条。然后“动物”又想出了“狗”“猫”“马”“牛”“蜗牛”“鸟”“锹形虫”等具体的动物名称。线条像这样依次相连的状态就叫“分层”。“分层”随绘制者的知识和兴趣点而呈现出不同的特点。

在这个例子中，作者在“动物”下面举出了具体的动物名称，我们也可以换一种方式，进一步细化层次，会出现什么结果呢？想必就会出现诸如“爬行类”“哺乳类”这样的分类。这时我们就会发现，动物名字中的“鸟”实则是一个类别名——“鸟类”，把它当作动物名就说明“混淆了不同层次的事物”。也就是说，我们会注意到，这里应该用“麻雀”“翠鸟”等单词才和其他动物名字属于同一层次。

除此之外，动物的分类法很多，比如按主要活动区域分为“陆”、“海”“空”；按四肢分为“四足”“两足”“多足”；按活动时间分成“夜行性”和“昼行性”等。

曾有一段时间，我在课上解释层次化的含义时，会提出一个指定层次的问题：“说到哺乳类，你会想到什么？”然而，有一天我突发奇想，在提问时没有指定层次，结果发生了一些变化：学员们纷纷不假思索地踊跃发言，而且答出了更多奇特的动物名字。

这个经历让我发现：“总之先把能想到的点子都想出来，然后再进行分类，这样能想出更多点子！”

不受“层次化”的限制，随心所欲画出的思维导图被称为“小型思维导图”（Mini Mind Map）。不少人觉得它长得像草稿，比不上反映出层次结构的“完整思维导图”（Full Mind Map）。其实小型思维导图可以起到很多重要作用，比如“一个人的灵感会议”。

先不管能不能用上，把想到的所有点子全部记下来，然后再重新写进完整思维导图，这种画法也很重要。

只要适应了，总会有办法！

以上介绍的是思维导图的“分层”会随绘制者的知识和兴趣点而变化。下面来说说“排序”。

在刚才的例子中，“哺乳类”这个分层下可以填入很多动物的名字。也许我们会直接想到什么就写什么，但也可以按照一定的规律来写单词。这个规律可以是大小顺序、怀孕周期，或者纯粹是个人的喜好程度。

“排序”指的就是这种按照某一规律重新排列的操作。“分层”和“排序”结合起来才算是“层次化”。如果在画思维导图的时候觉得有什么不对劲或者“调换下顺序可能会更好画”，这就说明你发现思维导图没有反映出以“分层”为主的“层次化”。

不过，初学者一定要优先“把想到的东西全部写下来”。之前我也说过，如果因顾虑过多而“画不出来”，那就不值得了。要这么想，“画着画着就会有办法了”。适应了以后，在思考创意的同时，自然就按层次对它们进行排列。

下多少功夫，有多少方法

让我们来思考一下“汽车”这一中心图像。把由“汽车”联想到的事物接连写下来，这是小型思维导图的画法。熟练了之后，就会注意到自己想到的都是“日产、丰田、奔驰、宝马……”一类。这是因为，人都会记忆有一定关联性的事物。

这时，我们可以把想到的内容逐一写到线条上，但要是发现“想到的都是厂商”，就试着把主支定为“厂商”吧。然后，在下一层分出“日本”“德国”“美国”“意大利”等线条。于是，“日产”和“丰田”就会归入“日本”的下一层，“奔驰”和“宝马”归入“德国”的下一层。

而且，即便开始没有想到，只要看到线条，就会思考“意大利的汽车厂商有哪些来着？”于是,我们的脑海里可能就会闪现出刚才思考“汽车”时没有想到的名字，比如“法拉利”，把自己也吓一跳。

如果这样“还是想不出有什么美国的汽车厂商”，就意味着一个新的发现:“自己不了解美国的汽车厂商。”

“了解自己所不了解的一面”比我们想象的要困难得多，但是借助思维导图拓展思维的过程可以帮助我们明确自己掌握哪些知识，对哪些知识尚不了解。

此外，划分完层次后，可能会出现只有一条主支的情况。这也没有任何问题。只有一条主支说明围绕该主题只需要思考一个方向。这个意识对于接下来的思维非常重要。

“层次化”“分层”“排序”……这些术语看起来很难，但只要动手画一画，就会察觉到它们是思维导图的自然的一部分。也就是说，如果你觉得“不对劲”“画不下去了”,那就是“层次化”体现得不够好。然后，经过反复修改，最终就会画出一幅整齐利落、“各居其位”的思维导图。而这幅图想必也完美地实现了“层次化”。

本书中我多次重申，对那些因“看起来很难”或者“搞不太明白”

就放弃绘制思维导图的人，我真的觉得非常非常可惜。就算画得不对，又不会给别人添麻烦，更不会挨骂，何不尝试一下呢？只要亲自画一画，一定会慢慢掌握规则的。

TEFCAS——总之先试试看

第七条规则“TEFCAS”是“尝试”(Trial)、“行动”(Event)、“反馈”(Feedback)、“检查”(Check)、“调整”(Adjust)和“成功”(Success)的英文首字母缩写,我把它视为绘制思维导图时的心理准备,用东尼·博赞的话来说,就是“人生的指针”。

第一步是尝试,然后是行动。从这两步中,我们将有所收获(反馈)。确认(核实)自己的收获并反复调整,终将走向成功。这么一讲,倒不像是在说思维导图,反而有了点探讨人生的味道。

很多人对反馈总是非常在意,如果得到的结果和自己设想的不同,不免觉得自己不行。但这不过是过程中的一个阶段而已。把它当作是通向成功的一个必然过程,或许就能轻松不少。

另外,最初的“尝试”还带有“总之先试试看”的含义。博赞还创造了一个单词“Try-All”,意为“总之先把所有事情都尝试一遍”。

迈出最初的一步,你就已经产生了变化——比之前有进步。这正是通往成功(不仅是事业或人生的成功,还表示达到自己期望的状态)的道路。

话题似乎有了几分思考人生的意味,不过我希望大家能以对待人生的态度对待思维导图。一开始不必急于画出“完美”的思维导图,总之先画一画。就算画得不好，也一定会有所收获，并从中体会到进步。由此不断动脑筋下功夫，一点点提高技术，终有一天能画出让自己满意的“完美”思维导图。

以上就是思维导图的七条规则。遵守所有规则的导图即被称为“完整思维导图”。

与此相对，只符合部分规则的导图叫作“小型思维导图”。除此之外，很多导图其实都不属于完整思维导图的范畴，比如单色的思维导图、中心图像只有文字的思维导图等。有时是没有足够的时间完成一幅完整思维导图，有些场合则更适合使用小型思维导图。

思维导图不一定都要画成完整思维导图。

根据“绘制目的”选择适合的形式即可。而且，无论何种形式，只要思维导图的绘制助你达到了预期的目标，它就是一份好的思维导图，这就是我的主张。

只不过，从用脑方法的角度来看，还是希望大家在绘制导图时遵守规则。这和玩游戏的道理相同，设置并遵守一定的规则，反而能从中获得自由。如果只追求“漂亮的思维导图”，那就是本末倒置了。

6

画一画思维导图

自我介绍的思维导图

最初的几幅思维导图建议以自我介绍或兴趣爱好等热衷的对象为主题。日程管理和待办事项表也不难画，但要是用思维导图深入挖掘自己感兴趣的事物并有了新的发现，就能更切实地体会到思维导图的乐趣。

然而，真到了用思维导图挑战自我介绍时，要是用通常的介绍套路，不仅写不出多少内容，画这么一幅导图也不会觉得有趣。所以，请抱着“做一个与众不同的自我介绍！”“介绍一个大家所不了解的自己！”的决心画这幅思维导图。

描绘对象也十分关键。“籍贯”“工作”“兴趣”“家庭”“学历”“名字的由来”“现居住地”……一般会想到的也就这些吧。一开始很难想出奇特的点子，所以直接把想到的内容作为主支画下来即可。等画完一轮（通常的自我介绍的内容）后，再来思考这些线条下面还能延伸出哪些内容。仿佛联想游戏一般，将想到的东西陆续添加到思维导图上。

例如，我的“现居住地”是东京都练马区。所以，主支“现居住地”下面写的是“练马区”。不过，线条不能止步于此。“说到练马区，我会想到什么？”通过这样的联想，思考下面要延伸哪些分支。这就进入了下一层次。

说到“练马区”，不少人会想到“练马萝卜”，实际上练马区的“圆

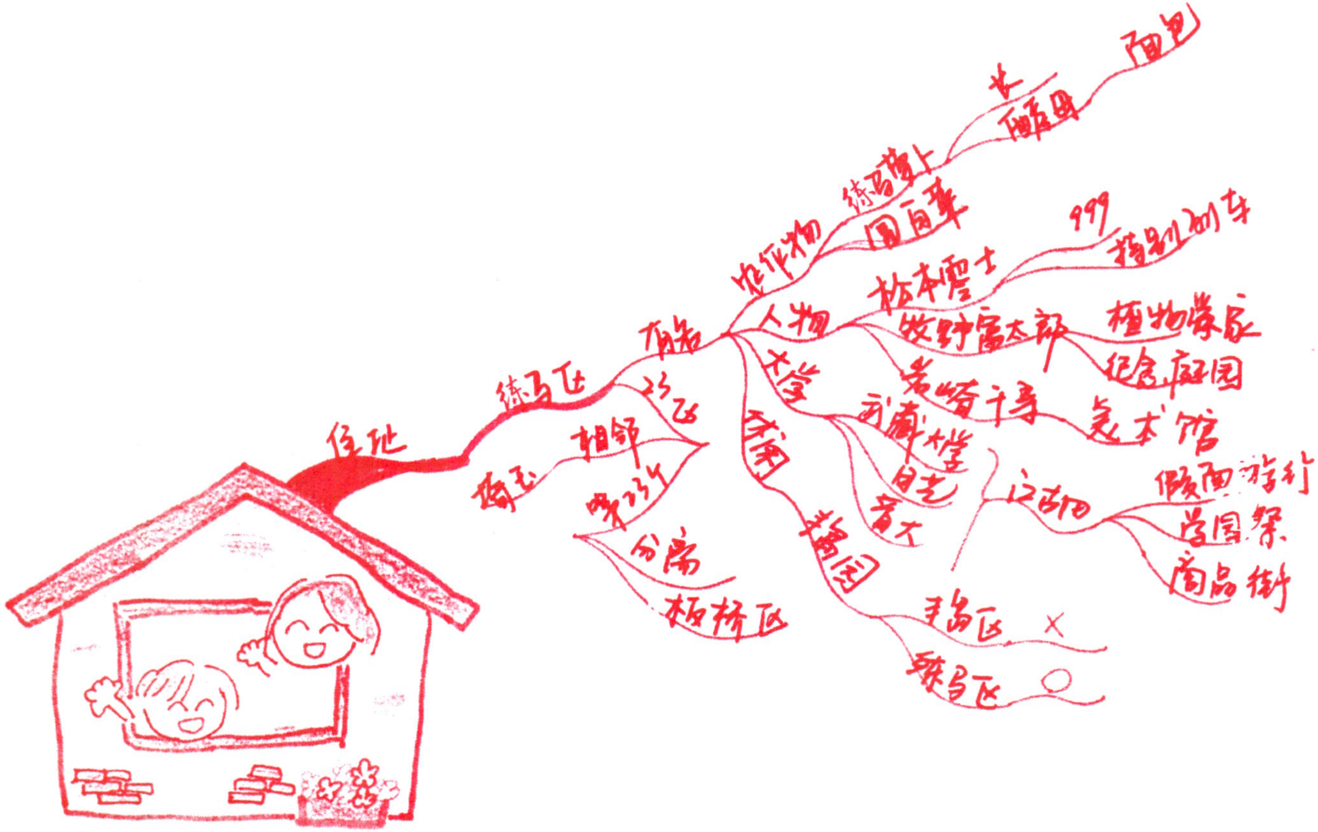
住址
练马区
有名
农作物
人物
松本零士
999
银河列车
牧野富太郎
植物学家
纪念庭园
岩崎千寻
美术馆
大学
武藏大学
活动
假面游行
学园祭
商品街
游园
丰岛区
练马区
邻接
埼玉
分离
板桥区

白菜”产量很高。还有，漫画家“松本零士”先生住在练马区，所以西武池袋线上可以看到“(银河铁道)999特别列车”的身影。说起“西武池袋线”，就得说一说坐落在“江古田街”上的三所大学：“武藏大学”“日艺”(日本大学艺术学院)和“音大”(武藏野音乐大学)。武藏大学学园祭上的“假面游行”很有名，每到那时，街上就可以看到盛装打扮的学生们组成的游行队列。

对了对了，除了西武池袋线，还有一条“西武新宿线”。绘本画家岩崎千寻先生开设的“千寻美术馆”就坐落在那条线的沿线。啊，我想起来了。还有一个游乐园叫“丰岛园”，可它不在“丰岛区”，而在练马区。说起丰岛区，顺便提一下练马区的由来，它是从“板桥区”分离出来的东京的“第23个”区。

这一系列联想促成了上一页的思维导图。如果做一个普通的自我介绍，听者只会知道“矢岛女士现在住在练马区”，而若是看了这幅思维导图，就会获得练马区的诸多小知识，如练马的特产其实是圆白菜、练马区原本是板桥区的一部分等。做这种自我介绍的人自己也会觉得很有趣。

回忆的“再发现”

“我怎么从这个单词想到了那个单词呢？”画思维导图时常会产生这样的疑问。也许我们自己也不明所以，但请姑且把它原封不动地写到分支上。强制自己写下它，思维自然会转向和它相关的内容。

有一次，课上发生了一件事。在我让大家从“曲别针”展开联想时，一位女士想到了“校服”。她叹了口气问我：“我总是想到一些奇怪的东西。我这个人是不是很怪啊？”

继续延伸分支。没过一会儿，那位女士发出了一声感叹：“嗨，原来是这么一回事啊！”不明白自己为何从曲别针联想到校服的她在一层层延伸分支的过程中想起了那段往事：“学生时代，我经常把曲别针折成心形别在校服口袋上”，“说起来，那时候心形曲别针的个数还有很多讲究呢。”忆起往事的她兴奋了好一阵子。

我们的大脑中装载着大量的记忆，其中部分记忆在日常生活中一直保持清晰，但另一部分则处于被遗忘的状态。对比来看，“日常生活中处于被遗忘状态的记忆”，即“生活中没有意识到的记忆”占了绝大多数。

画思维导图时，这些记忆在不经意间就会被唤起，自然而然地浮现出来。“不经意”一词再贴切不过了。像联想到曲别针的那位女士一样，只要唤起了一个学生时代的小小往事，记忆就会由此一步步展开，正如思维导图的线条一样扩展到各个方面。

也许你想起的不是什么重要的记忆。但是，你会发现自己还记得那件事，并且在你心中这份记忆（比其他忘却的记忆）更为强烈。这是一种非常奇妙的感受，仿佛自己正在面对一个陌生的自己。

我们想起的记忆当然还可能是非常重要的回忆或关键词。所以，不要因为“用不上”“不明所以”就舍弃想到的词语，这样做很可惜。“就算现在不明白原因，接下来说不定就会想到什么”，希望大家能抱着这种态度把所有想到的词语都记到分支上。

拿着思维导图作汇报

画完自我介绍的思维导图后，让我们来回顾一下这幅作品。你也许觉得“自己还挺能画的”，也许你会惊讶自己竟然顺藤摸瓜想出了这么多东西。

难得画一幅导图，我们就实际用它作一次自我介绍吧。如果平时没有这样的机会，也可以先在家人或朋友面前试一试，权当排练。这意味着“把思维导图上的内容汇报（传达）给他人”，是最令人兴奋的活动，推荐大家务必尝试一下。

一般的自我介绍或汇报通常按记录顺序进行，但思维导图在这个阶段还可以不落窠臼。窍门就是提炼思维导图的总体内容并用其他表述概括。打一个简单易懂的比方，就是给它起名字（标题）。

继续用上文的例子进行解说。从“练马区”想到的“松本零士”“岩崎千寻”“日艺”等事物可以概括为“艺术”(加上“艺术”这一标题)。“丰岛园”和“假面游行”可以概括为“娱乐”吧？说来，练马区还有一个东映公司的“大泉摄影棚”！（后面常会想到新内容。）

这些内容会组成什么样的自我介绍呢？“我叫矢岛美由希，家住练马区，工作是……”绝不是这种谁也记不住的自我介绍，而是“练马区居住着漫画家松本零士，还有岩崎千寻美术馆和日本大学艺术学院，是个充满艺术气息的地方”。这样的介绍一下子就有了冲击力。

可以选一个有趣的切入口，如“轨道上奔驰着银河铁道999的特别列车，街上能看到学生们的盛装游行队伍，还有一个以其他区命名的‘丰岛园’，我就住在这样一个娱乐之街——练马区”；或者集中介绍地理位置，如“练马区终于成为了东京的第23个区，它毗邻埼玉县……”

把话题锁定在自己擅长（了解很多知识或信息）的领域或着重介绍听众可能感兴趣的部分，自我介绍就会给人留下更深刻的印象。一些人不喜欢在人前作自我介绍或汇报，但如果采用这种形式，一定能带着自信完成。说不定慢慢地还会喜欢上在人前说话呢。

陷入“思维导图后的兴奋状态”

绘制思维导图绝非难事。写单词，画线条，再写词语，再画线条……不断反复，就是这么简单。这种简单操作让人精力集中，心情也会随着流畅弯曲的线条（分支）进入舒畅放松的状态。

过度放松会阻碍人的正常思考，但在画思维导图时，大脑时刻都在考虑“该写什么词语”，思维全部集中到了思维导图上。此外，如果想不出线条上的词语，也可以绕个远路，比如多画一个中心图像，或者用插图代替单词。思维导图里隐藏着无数乐趣，无须转移注意力，就能换个心情。

如此，集专注和放松于一体也是思维导图的一大魅力。绘制思维导图是惊喜和发现的连续，让人不禁沉迷其中，忘记了时间。

在我的课上，很多体验了思维导图的学员感叹画得很累，但他们脸上都带着畅快的笑容。我想，他们的疲劳不是被迫完成工作后不快的疲惫，而是运动后感受到的心情舒畅的疲劳。效仿长跑后兴奋状态，我给它取名为“思维导图后的兴奋状态”，这种感觉只要体会一次就欲罢不能，希望大家也亲自体验一下。

日程管理的思维导图

日程管理和待办事项的思维导图没有自我介绍思维导图的那种乐趣，但它能让绘制者体会到“总览全局”的优势。给手上的工作和计划集中进行一次“大盘点”，筛选出必做事项并分类，这样就能分清轻重缓急，沉着应对。

我们往往按时间顺序管理日程，但日程管理也有其他方法，比如：用颜色区分不同的工作内容，或根据当天的安排按地点分类；日程可以是一天的，也可以是一周、一个月甚至一年的。

也许你会觉得，每天的日程变化不大，画成思维导图还要花更多时间，何必费时费力呢？但如果仅用五分钟就能理清日程、充分灵活地利用间歇时间，还能确保属于自己的时间，你还会觉得它不值得一试吗？

我的学员中也有很多人用思维导图管理日程。不少学员在早晨上班前后用思维导图确认当天的安排，有的在上班前坐在咖啡厅里边喝咖啡边画导图，有的到公司后首先用思维导图明确日程。中心图像也是各有特点，有的是只写日期的简约风，有的用图画画出当天的心情。我还经常收到这样的反馈：坚持每天用思维导图做记录，到头来它就成了我的日记，很有意思。

另有一位学员刚转行做出版，要做的事情太多，让他很是烦恼。他试图给要做的事排出优先顺序，并依此开展工作，而思维导图帮他找到了好几处可以改进的地方，让他很开心。他说自己过去一直是瞎忙，被工作牵着鼻子走，而自从用思维导图总览全局后，他找回了自己在工作中的主体地位。

管理日程的思维导图不仅用于个人，也可以用于家庭或团体。中心图像可以是日期、地点或项目；每条主支上写下成员的名字，下面以一天或一周为单位延伸线条，把每个人要做的事记录上去。任务完成后，就用横线划掉或打个钩，不仅让进度一目了然，还能提高动力。

用思维导图管理日程的另一个优势便是细化任务，使其便于思考。细化将一个个课题分成更容易处理的小事。一想到“打扫卫生”就会嫌麻烦，但倘若是“吸尘器”“擦地板”“倒垃圾”等一项项细小的工作，现在就能起身去完成。细化也可按房间进行，或者遵照从早到晚的时间线来思考。

此外，想必很多人已经注意到了，管理日程的思维导图同时还是一份待办事项列表。思维导图可以一并理清计划和要事，避免了某天必须在家（或公司）完成工作却又和别人约好要出门等问题。如果把日程安排和待办事项列表分开来做，就会经常出现计划冲突的情况。

一些讲解日程管理或时间管理的文章常建议大家“用重要程度和紧急程度来划分任务”。这种办法在工作中或许非常有效，但在日常生活中，用难易度或自己的动力分类会效果更佳。思维导图能轻松实现这种分类，防止自己被任务赶着走，随心情做事，让自己更快地行动起来。

自我介绍的思维导图也好，日程管理或兴趣爱好的思维导图也罢，不知大家是否已经动手尝试了呢？为了体会到思维导图的乐趣，推荐大家都来亲自画一画，感受一下。“不用画了，光是看起来就挺有意思的”，

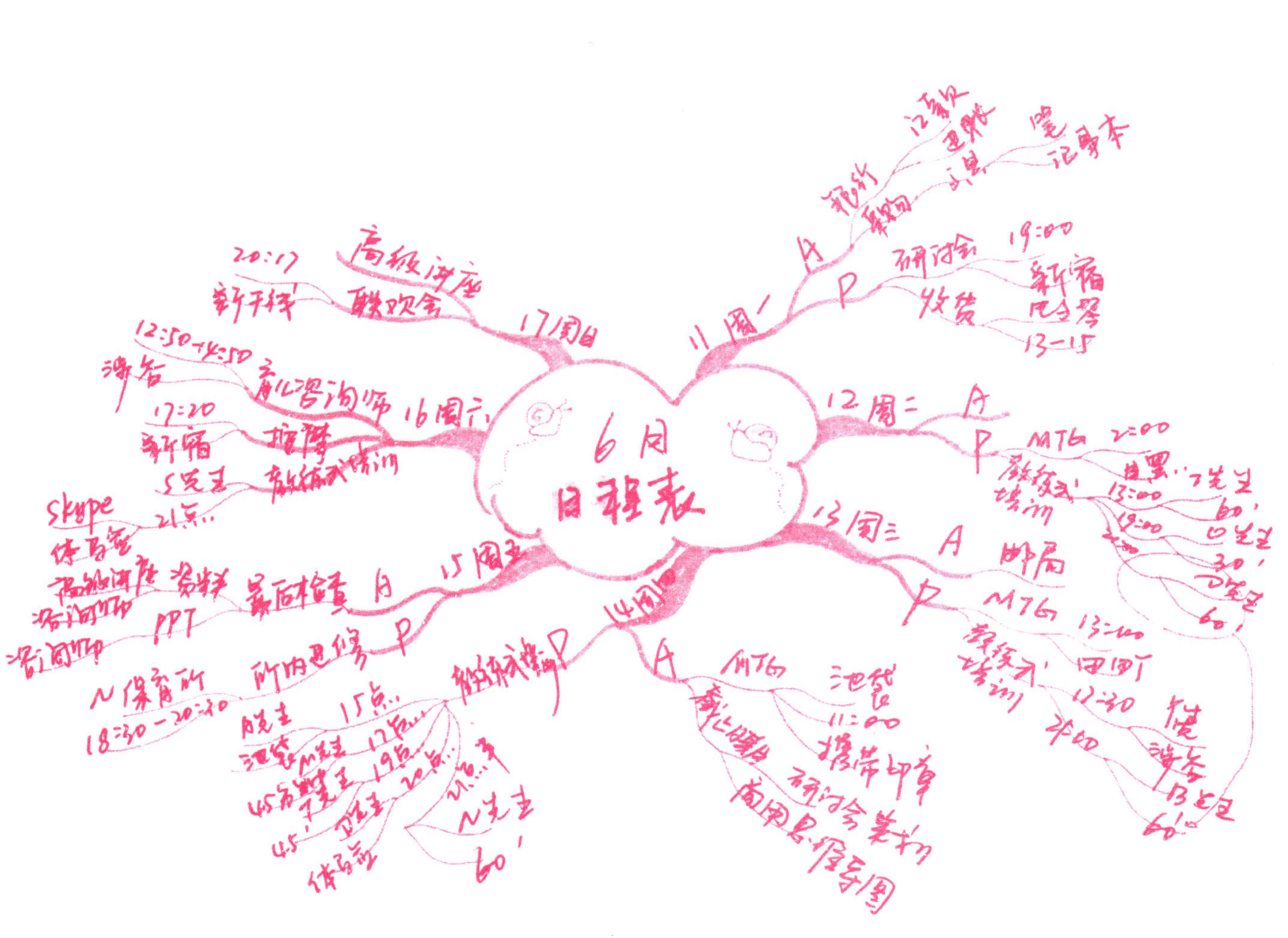
6月
日程表
11周一
A
P
研讨会
19:00
收发
13-15
记事本
12周二
MTG
13周三
邮局
14周四
15周五
最后检查
资料
PPT
Skype
21点
体育馆
所内思修
N保育所
18:30-20:30
15点
17点
19点
20点
N先生
60'
16周六
17:20
新宿
5先生
12:50-14:50
17周日
高级讲座
联欢会
20:17
新干线

这么想可不行。拿起彩笔在纸上绘制的行为有其独特的意义。只有这点是从书本中得不到的，所以哪怕只用十分钟也好，请务必拿出一点时间画一幅思维导图。

中心图像的简易画法

什么？！不会画中心图像？

如果不会画画，也可以用文字代替。不过，要试着给文字配上颜色和花纹。可以用条纹、圆点、格子、花边，或者做成三维立体效果。给文字加个阴影和深度……在学生时代大家是不是都玩过？放开去画，就当是在教材或笔记本上涂鸦。

我在课上也经常提到，“绘画时的观察”与“笼统地看”相比，二者的认知程度有着天壤之别。我自己也曾惊讶地发现，本以为自己看得很仔细，但其实根本没有好好观察。

例如，请把你心爱的手表作为中心图像来画一画。不一定是手表，也可以是手机。请尽量画得细致一些。表带是什么样的？表盘呢？恐怕很多人对于自己心爱的（或者每天都用的）事物只能想起个大概的样子。因为我们只认知了一个笼统的形象。

那么，接下来请参照实物来画。同一个事物，有实物参照是不是就好画了许多？就算觉得自己绘画水平不高，也会比强行调出脑内印象时要好画得多。而且，就算画得不好，有个参照总也能画出大体的感觉。

这就足矣。有参照就能画出感觉，没有参照的话，凭印象去画也足够了。用不着强迫自己追求完美。

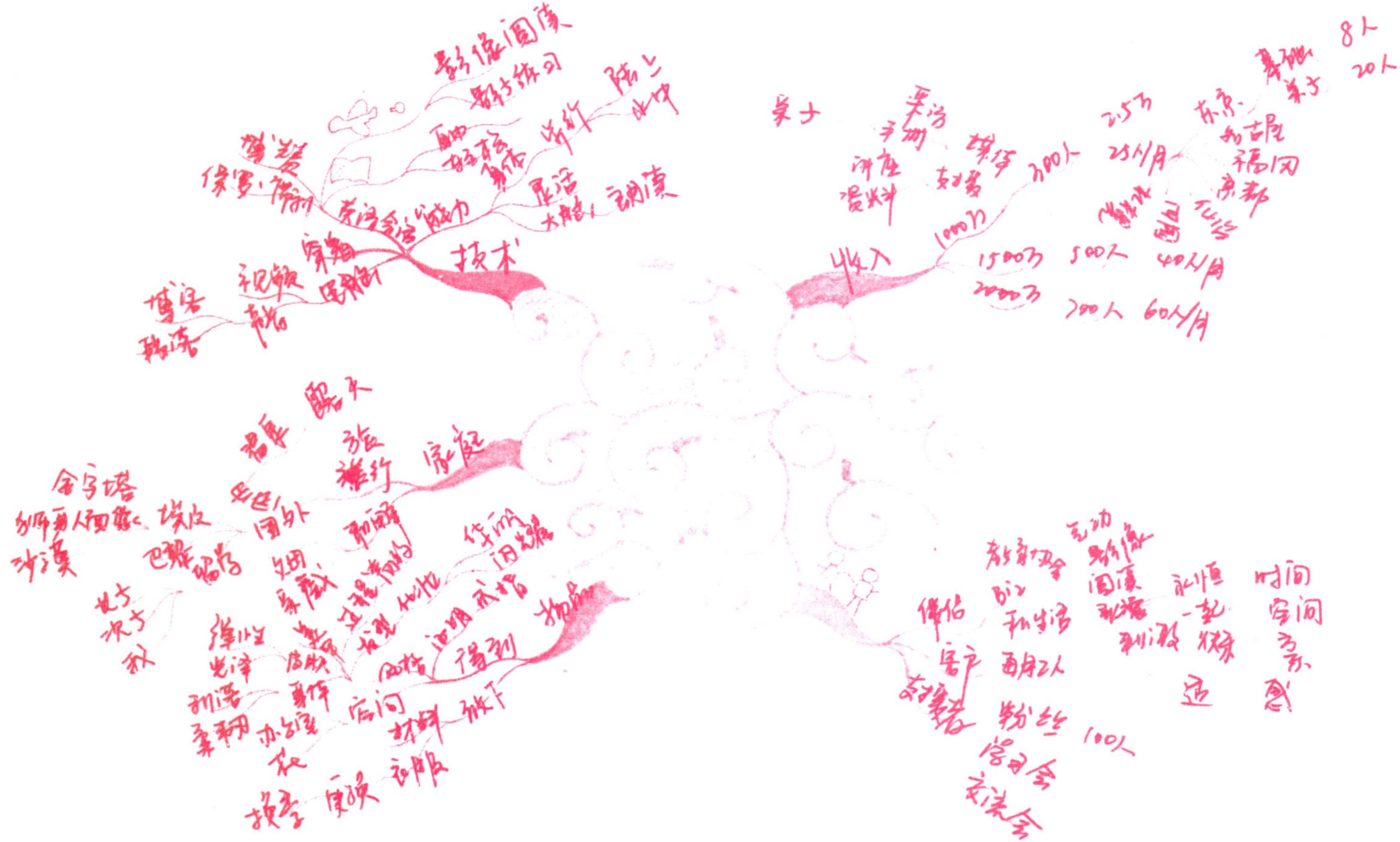

技术
博客
视频
收入
1000万
1500万
2000万
300人
500人
700人
25人/月
40人/月
60人/月
东京
名古屋
福冈
京都
8人
20人
家庭
国外
金字塔
沙漠
物质
伙伴
客户
粉丝 100人
学习会
交流会
时间
空间

容我重申，中心图像是一种“心中影像”，无须纠结绘画水平，而且只要积累经验，就会有进步，所以不用担心。相较之下，计较中心图像的美丑而放弃思维导图才是更大的损失。放心大胆地去画吧。

而对于“还是想画得漂亮一些”的人，有很多改善方法可供尝试。比如用夸张的漫画画法，或用多种颜色制造出类似抽象画的风格，还可以试一试我刚升任培训师后发明的绝招——图片集。

据说擅长画图的人在看到绘画对象时，马上就能分辨出哪些线条要落在纸上，哪些要省略掉。但我没有这个能力，所以在寻找可供参考的图像时，必须花时间寻找适合自己绘制的图片风格。可要是在搜索图片上耗费过多时间，使自己失去了画思维导图的动力，那就是本末倒置了。为避免这种情况，我起用了图片集。我搜集了一些自己模仿得来的画风和场景的图片，画中心图像时把它们放在手边用来参考。我会画那种粗笔一笔勾勒出轮廓的简单插图，于是找了很多这种风格的图片。

还有一种办法，即给自己设定一个角色，每次根据内容进行微调。总之，只要能让自己轻松愉快地画下去的方法就是最好的方法。

认识自我的思维导图

画思维导图时，会感觉“思考”中充满了乐趣。看着自己的想法化作线条伸展开来，仿佛大脑内部逐渐敞开，非常爽快。而且，整体思路全部流淌在思维导图上，一目了然，不会因找不到答案而感到烦躁或沮丧。

开始享受“思考”的过程后，就会了解自己的思维特点。每个人都有不同的思维模式。举一个简单的例子，有的人看问题总是乐观向上，有的人看问题就很悲观对吧？或许你早就知道自己是乐观派还是悲观派，可要讨论进一步的思维模式，就连我们自己也不知道了。有人讲求细节，有人主抓大局，还有人擅于发现事物背后的“因素”。

光想是想不出自己的思维特点的。然而，只要动笔画一画思维导图，我们就会自然而然地找到答案。总是想到某一类单词，或者不知为何总会从颜色联想到食物，这些“固定套路”让我们窥视到自己陌生的一面。这一发现将会成为我们今后思考问题时的关键。

当我们再遇到问题时，即使想“换一种和平日不同的思维方式”，也不知到底要怎样做，甚至没有任何头绪。但是，掌握自己的思维模式（思维特点）后，就可以尝试换一个方向去思考。比如，平时总是注重框架，今天就来仔细看看细节。

绘制思维导图也可以视为将自己的思维落在纸上的过程。反复这一过程，就会逐渐掌握自己的思维模式，甚至还能进一步养成新的思维习惯。认识自我，然后认识自我以外的事物——这不正是沟通的第一步吗？

我的“雷区”在哪里？

“踩到雷区”这个词似乎已经成了生活中的常用语，它的意思是“碰到了不能碰的事项（比如禁忌）”。自己没有恶意，却因一句无心之言伤到了别人，我想谁都有过这样的经历。

其实，我也有雷区。一直以来我并未察觉到这是雷区，但每每听人说起，心里总会感到不爽。那就是“会长胖的”“你真能吃啊”一类的话。目前我身高160厘米，体重接近50公斤，要说应该还算苗条。所以，就算别人开玩笑说我“会长胖”，我也理应能一笑了之。而且实际上，我经常听到的反而是“你就吃这么一点儿吗？”

即便如此，偶尔的一句“会长胖的”“你真能吃啊”还是会让我的心情大打折扣。说这话的人大概没有恶意。他们或许只是发表一下自己的感想，觉得“今天我胃口很好”，或者“这么瘦的人没想到还挺能吃的”。这些道理我都懂，可为何还是会心生不快？

于是，我用思维导图进行了自我分析。结果出乎意料，原来这里面还牵扯到了父母对我的关怀。

用思维导图消除雷区

首先，主支是“会长胖的”（这种时候，中心图像不太重要，所以我直接画了一只会自然联想到“肥胖”的猪）。主支延伸出了两条分支，分别是“不胖”和“胖”。我现在“不胖”,所以先思考“不胖”的分支。于是，我想到了两个表示状态的词:“能吃”和“不能吃”(“能吃”的时候和“不能吃”的时候）。

然后,我在“能吃”的下面写下了“偶尔”(只有“偶尔”能吃很多),紧接着又想到了“否定”。想到就要写下来,于是我如实写下了“否定”,并在这里稍微想了想:“在偶尔很能吃的时候，被人说‘会长胖的’，所以觉得被人否定了？”……似乎不太对。看来我的雷区不在这里。

接着，我围绕“胖”的分支展开了思考。首先，我分出了“保育所”和“(小学）低年级”。我在这两个阶段其实很胖。当时我被寄托在“祖父母”家,平时不常出去玩,可祖父母怕我饿肚子,总逼我吃很多饭。“逼我吃”不是个好词，但当时我确实苦于被迫吃下过多食物。不过，那时的我把它视为祖母的爱，努力把饭吃光了。

写到这里，我想，“难道是因为‘会长胖的’这句话感觉像是否定了祖母对我的爱，才成了我的雷区吗？”但这种想法似乎也不正确。继续往下想,“保育所”下面分出了“双职工”。因为父母双方都要外出工作,我白天待在保育所,傍晚待在祖父母家,等父母工作结束后接我回家。“双职工”下面的“忙碌”和“严格”是我对父母的印象，而不知为何我还想到了“补偿”一词。在“补偿”下面还分出了“练习”和“未知”。“练习”指的是我那时上了很多兴趣班。或许是做父母的希望孩子（我）能通过上课解解闷吧。

另一个词是“未知”。这或许源于母亲的自尊心，她不愿意听我说自己没吃过某种食物，所有只要我想吃，她就会买给我。在我心目中，父母非常严格，可以说我几乎没有向他们撒过娇，但在食物上则另当别论。只要是我想吃的，他们就会让我吃到，这是唯一一处让我感受到父

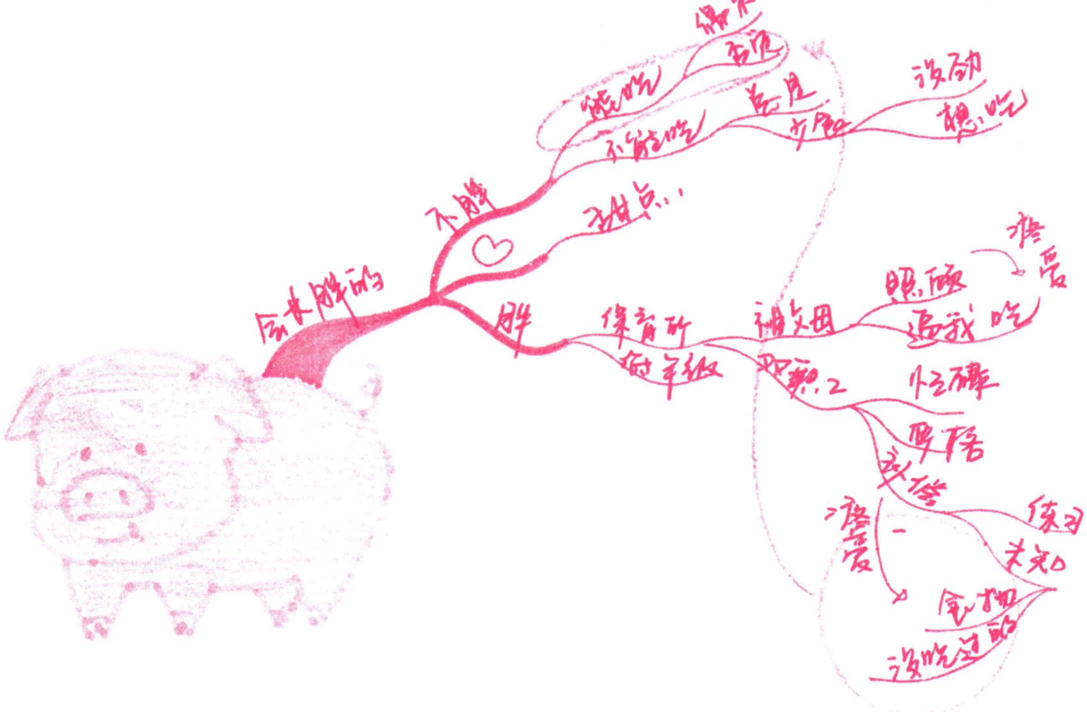

会长胖的
不胖
胖
甜点
偶尔
保育所
幼年级
照顾
逼我吃
害羞
性格
没吃过的

爱母爱的地方。

终于追溯到了雷区的根源——在吃想吃的食物时被人说“会长胖的”，会让我觉得吃东西这种行为本身遭到了否定。我的食欲又不夸张，还要遭到“否定”的话，就好像父母对我的唯一的疼爱遭到了“否定”，这正是我心情不爽的根源！

想通了以后，即使再被人说“会长胖的”，我也能随口回上一句“没关系，还不算胖”“食欲有时候就是出奇的好”。雷区原本隐藏在看不见的地方。一旦找到了，恐惧感也就没了。

我又针对其他几个雷区进行了自我分析，并了解了自己“为何感到不快”以及“会作何感想”。由此，我成功地避免了不明原因的郁闷心情，再也没有因小事和他人产生矛盾。

不知为何却感到不快、不明原因但就是讨厌……如果你也有过这样的经历，建议使用思维导图做一个自我分析。

思考喜欢一件事物的理由

话虽如此，在适应思维导图之前，用它分析自己讨厌的东西并非一件容易事。何况谁都不愿意去想自己讨厌的东西吧。

所以，建议先用思维导图分析一些愉快的、喜欢的东西。比如“喜欢的东西”“珍视的事物”“一不小心就沉迷其中的东西”等。主题不一定是“东西”，还可以是“人”“地点”或“行为”，没有限制。如果把主题设定为“自己痴迷的事物”，思维导图的分支也会非常繁茂，还能发现各种关联，对思维导图的喜爱程度也会上升。

我喜欢“户型图”，每周末报纸里夹带广告单上的户型图是我的最爱。公寓图和独立住宅图都很喜欢，可谓是我的一大爱好。于是，就自己为何如此喜欢户型图以及看户型图时都想些什么，我画了一幅思维导图。

看户型图时，大家都会想象自己生活在那个家（房间）里的各种画面吧？我也是如此，而且我总会关注三个部分："活动路线""家具布局"和"房间分配"。所以我把这三个点设为主支。

画主支时，我不会从中心图像上等间距引出三条主支，而会空出四边中的一边。这是考虑到之后或许还会添加其他主支。有时主支从一开始就定下来了，但很多时候并非如此。绘制时如果为保证匀称而画得"整齐漂亮"，中途就不便再添加主支；如果预感"后面可能还要添加"，最好事先留出空白。

难得围绕"喜欢的事物"画导图，我们要尽情延伸分支才是。画来画去，逐渐就会找到延伸线条的感觉。所以，在熟练之前，切勿过分顾虑整体的平衡性，放开了大胆去画。

这个阶段的思维导图类似于头脑风暴（Brain Storming），也就是一个人的脑内会议。让我们把一切交给大脑和手，尽情地延伸分支、记录单词吧。把层次化的规则和"这个汉字怎么写"等问题统统抛到脑后，集中精力发散思维。说不定还会出现交错在一起的线条，但只要颜色不同就不会混淆，无须在意。

接下来，在充实了三条主支下的内容后，我发现自己很重视"高效"的感觉和"简约""整洁""恰好"的状态。原来我在看户型图时一直在进行模拟布局，以更高效的空间利用为目标，思考怎样摆放家具才能让房间更整洁。毕竟现实生活中不可能每周都更改家里的布局和装修嘛。

箱子
处理
不用的
软软的
大小
压扁
回收
打开
冬用
围巾
衣柜
抽屉
厨房
电池
塑料瓶
货架
回收
活动路线
楼梯
回原位
不可以
好麻烦
顺便
一起
手动
简单
顺利
流程
整理
下决
扔掉
留下
个性
品味
简单
清爽
安排
收好
不可以
餐厅厨房
杂物
垃圾
简单
箱子
结实
打扫
quickly
越积越多
干净

寻找“喜欢”的共同点

发现自己因为“整洁”“恰好”的状态才喜欢户型图的我还注意到，自己对不舍得扔掉的盒子也抱有类似的感情。说真的，我希望书柜的抽屉里也能保持“整洁”“恰好”的状态，可生活在大家庭，不可能凡事都如愿。何况我有拖延症，虽然喜欢整洁的状态，可提起收拾和打扫，却是能拖则拖。所以，我决定把中意的盒子改造成整理箱，给自己一个好心情。我发现,不管盒子里面是否整齐,只要盒子摆放得让我满意（整洁、恰好），我就会感到心情舒畅。

以前我一见到盒子就买，买了就不舍得扔，但自从设定了“用于收纳”→“需要能用来收纳的盒子”的条件，我改掉了盲目购物的毛病。知道了一个“喜欢”的理由，就连带知道了其他“喜欢”的理由，由此我不再进行没有意义的行动了。

和上一个例子中的“莫名讨厌”一样，对于喜欢的事物，有时也会“不知道为什么，但就是很在意”，或者“没什么原因，就是喜欢”（很多人是否和我一样，家里也沉睡着很多“一直不舍得扔掉的东西”？）。我们也可以不去刻意追究其原因，但如果用思维导图寻找答案，肯定会有意外的发现。

了解自己，收获更广阔的世界

人总是在不断追求更加舒适的生活、更加快乐的明天和更加充实的人生。但如果不知道自己心目中的“舒适”是什么样的状态、怎样才是“快乐”、什么时候才会感到“充实”，那就永远也达不到目标，甚至不知道目标在哪里。

用思维导图了解自己也是一次重新审视人生的机会。人们总认为“自己非常了解自己”，但现实常常并非如此。是否该辞掉现在的工作？下次搬家要搬到什么户型（哪条街）？即便是这些日常生活中的小问题，也要在了解自己的好恶倾向及原因的基础上才能得出满意的答案。

解决小问题也需要对自己有一定了解。例如，我常去的一家咖啡馆，那儿的咖啡很好喝，可有一次，我待得实在不舒服，很快就离开了。在这种情况下，如果不探明讨厌的原因，就很难下定决心“不再去了”。说不定是因为不喜欢咖啡杯的形状，才会喝起来不舒服。可这个原因光靠想肯定想不出来。

用思维导图分析自我，是了解未知的自我，也是了解真实的自我。当人生陷入困境时，对每天的生活感到不满时，做事没有干劲时……如果你遇到这样的时候，请务必用思维导图重新认识自己。就算是像“户型图”这样的小主题也会让你有所收获。

用思维导图进行沟通

上一节讲的“了解自我”，说白了就是和自己沟通。沟通通常被视为是自己与他人之间的行为，但我认为沟通的基础是和自己的内部沟通，也就是了解自我。先理解自己的思维模式和好恶，再去理解他人，这样才能实现心意相通。

本节就来探讨更加优质的沟通方式以及用思维导图进行沟通的方法。

首先了解自己的“愿望”

阻挠流畅沟通的最大障碍就是认知上的错位，也就是“误解”。在第一章中我介绍了一对抱有育儿烦恼的夫妻，他们在对“不安”的认知上就出现了错位。丈夫以为妻子为“养育孩子的方法”而感到“不安”，但实际上让妻子感到“不安”的是“对未来的打算”和“夫妻关系的变化”。

不去了解彼此的真实想法，长此以往，误解就会越来越大。丈夫以为“妻子对养育孩子感到不安”，就推荐了几本育儿书籍和一些学习活动，结果妻子不仅不理解“丈夫是在担心我”，反倒觉得“我的养育方法就这么差劲吗？”“你这是只许我管孩子不让我干别的吗？”夫妻间的裂痕就会越来越大。

不用说，沟通是双向的。双方都有自己的想法，要在妥善折中的基础上相互理解，从而达到心意相通。完全接受对方的主张或许也不会引发冲突，但这种关系不会长久。任何人都有自己的想法和愿望。而且，只有了解了对方的愿望，沟通才会通畅无阻。

然而，其实很多人尚不知道自己到底期望的是什么。前文中提到的那对夫妻也是如此。如果妻子能早些察觉到自己“希望在生完孩子后，依旧享受夫妻的二人时光”，并把这个愿望告诉丈夫，他们肯定早已找到了更妥善的解决方法（不过，正因为有了这个误解，我才得以在思维导图课堂上结识他们）。

自己的愿望不仅包括“自己想做的事”,还包括“希望对方做的事”。一旦沟通出现问题，不免对对方心怀不满，可如果连自己都不清楚自己想怎么做以及希望对方怎么做，更不可能让对方满足你的愿望。还有些人不知道自己期望什么，只想着去了解对方的愿望，这种做法也解决不了问题。如果持续不温不火的忍耐，莫名的不满情绪就会不断积累，甚至可能在某一刻突然爆发出来。

因此，要改善和他人的沟通质量，应从了解自己的愿望开始。而思维导图正是了解自己的有效工具。让我们以“理想的自己”为主题，思考自己的愿望到底是什么。

从理想出发，思考自己的愿望

你心中的“理想的自己”是什么样的呢？或许有人从未认真考虑过

这个问题。如果想不出来，就试着问问自己:“假如可以得到金钱、时间、能力或其他任何东西，自己想要什么？”这样更容易想象。无论地位、权力还是美貌都任君挑选，那么，你想成为什么样的人呢?

等想象丰富起来后，把想到的方面原封不动地设成主支，比如收入、饮食生活、交友关系、居住环境、工作、服装、家庭、怎样过周末等。这时，不要整合主支，将“想到什么就画什么”的方针贯彻到底。

然后，顺着各条主支不断展开想象。在饮食生活方面，可以具体思考想吃什么食物、什么时候吃、和谁吃、去哪家店等。如果其中夹杂着实现不了或目前尚不能实现的愿望，也要抱着“说不定今后能实现”的念头把它们写下来。

最好把这种思维导图画成一个“欲望的集合体”。不必要的谦虚或局限性思维会阻碍接下来的深入思考。

举出一些理想（欲望）后，接下来要用回答“为何？”的形式展开思考。这个“为何”不只是“为什么”（why），还带有“什么”（what）和“怎样”（how）的意思。“为何想实现这些理想？”“实现之后会带来什么？”“怎样做才能实现理想？”像这样细化理想或欲望。

这样一来，我们的理想就不再是“肯定实现不了”的夸大欲望，而变成了实际可行的现实目标。比如，“想当日本第一富豪”的欲望（野心？)在自问“为何”的过程中反复细化后，或许就会追溯到它的源头——“想让全家人过上无忧无虑的生活”的愿望。了解了根本的理想后，就不一定非要当“日本第一富豪”，很多途径都能实现这个愿望。

对自己的理想刨根问底，最终就会到达促发这个理想的小小心愿。说不定那是自己至今从未察觉到的情感。无论如何，找到自己重视的价值观或思维方式，心态就会更加沉稳。

理解价值观的多样性

思维导图是一种促进人际沟通的伟大工具。为何它会有如此功效？答案便是，因为它能让我们实际体会并接纳多样性的存在。

通过思维导图了解了自己的愿望的你想必已经明确了自己的价值观。或许你早已隐约感受到了它，但用思维导图分析自我后，你肯定清晰地认识到了它的存在。养成在日常生活中使用思维导图的习惯，你就会有更多的发现和认知。因为从人生到日常生活中的一个小场景，都有人的价值观的影子。

一个人真正看重的价值观影响着他的思维方式和举止言行。就算自己不这么认为，但我们生活中的每一个细微动作甚至一句无心之言可谓都受到了这个价值观的影响。

不光是你，其他所有人都拥有价值观。无论是谁，都受到他自己的价值观的控制。是不是有人总是纠结于一些无聊小事，又或总做出一些让人讨厌的事，谁劝也不听？也许你“不能理解”他们，但在他们看来，这些行为都是有意义的。只不过和他们交情泛泛的人不会了解其中的意义。

然而，现在你已然明白，“任何人都有他独自的价值观，并且人的一言一行归根究底都和那种价值观紧密关联”。即使不了解对方的价值观的具体内涵，只要明白对方和自己的价值观不同，就能接受对方，认为“自己虽然理解不了，但对他来说是有意义的”。这便是承认了价值观的多样性。

拒绝“理解不了→否定”的模式，努力了解对方言行背后的原因，这种做法能加深理解，深化二人的关系。我认为这才是真正的沟通。用思维导图了解自己的价值观，并认识到其他人也拥有独特的价值观后，就不会再作出片面的推断，并学会以隔阂为前提进行沟通。

化解隔阂要趁早

自己特有的价值观，说白了就是自己心中的“理所应当”。而价值观的多样性指的就是“自己心中的‘理所应当’不同于他人心中的‘理所应当’”。价值观不同，加大了相互理解的难度，也就容易产生隔阂。

价值观或“理所应当”看不见摸不着，平日总是被遗忘，连自己也很难察觉。何况人的思维十分复杂，就算了解了对方的价值观，也不一定就能理解他的全部。

人们在日常的沟通中会产生隔阂，时而发生争执，并在此期间了解彼此的价值观，实现相互理解。我认为这是一条朴实的必经之路。所以，如果嫌它麻烦，就到此为止了。既不会实现彼此了解，更不要奢望流畅的沟通了。

在和伴侣或亲人等关系很近的人沟通时，不少人会对自己所理解不了的行为做出忍让，比如“虽然不理解对方为什么那么想，但与其现在马上追问他的本意，还是先听他的吧”。但是，如果一直忍让到极限，忍耐就会演变成怒火。这样根本实现不了相互理解，恐怕还会给对方造成伤害。

为了避免这样的局面，我认为有必要从生活中的小事做起，努力填补彼此间的隔阂。产生疑问时，只要及时探明对方的想法，就不会产生巨大的鸿沟。这时就要用到思维导图。使用思维导图不仅能了解自己和对方的价值观，还能找出填补隔阂的方法。

只要条件允许，请尽量和对方一起画思维导图。两人一边诉说各自的想法一边画。起初面对截然不同的想法或许会有些不知所措，但只要了解了对方的价值观，即他为什么会那么想，说不定就能理解对方。就算仍然无法认同，也会在其他地方找到折中的办法或者妥协点。

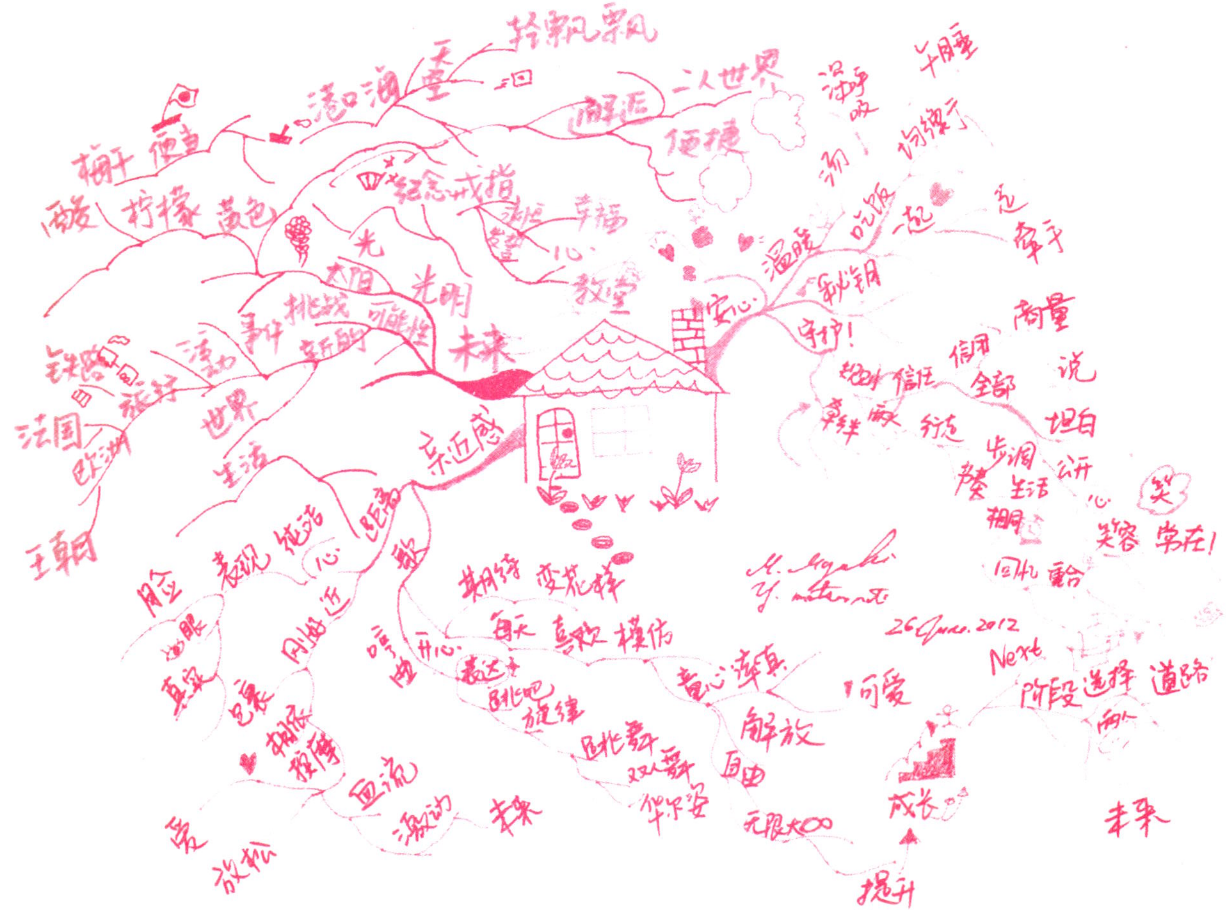

未来
光明
太阳
光
挑战
可能性
新的
事件
活动
世界
旅行
铁路
法国
欧洲
王朝
生活
柠檬
黄色
纪念戒指
幸福
心
教室
亲近感
安心
温暖
吃饭
一起
牵手
守护!
商量
信任
全部
说
坦白
二人世界
便捷
期待
变花样
每天
喜欢
模仿
童心
解放
自由
可爱
成长
提升
阶段选择
道路
未来
笑容
常在!
笑
26 June. 2012
Next

可以是夫妻一同讨论育儿方针，或者父母和孩子一起探讨学习和未来规划，还可以是更贴近生活的场景，比如构想周末的约会或者今天的晚饭。当然没有必要每天实践。当你不理解对方的想法或言行时，总觉得有些奇怪时，请尝试用思维导图进行交流，为今后继续维持良好关系打下基础。

上一页的思维导图是实践过这种沟通方法的一对夫妻提供给我的。据说稍粗的字是丈夫写的，稍细的字是妻子写的。欢迎大家参考。

此外，除了家人和男女朋友之外，也可以用思维导图和那些容易怠慢“理解”的朋友或同事增进沟通。有时朋友给我们的支持比家人更多，如果因无谓的隔阂而失去朋友，那就太可惜了；本以为和同事正在朝同一方向共同努力，实际上两个人却是背道而驰，反而被拖了后腿……思维导图也能预防这种遗憾的局面。

任何人都不可能完全孤立地活在世上。反正都要与人交往，当然希望建立良好的人际关系。为此，首先要了解自己，然后在认同多样性的基础上理解他人。愿大家将思维导图运用到日常生活中的一次次沟通中，加深彼此之间的理解，将相互尊重的关系维持下去。

后　记

2006年，思维导图的创始人东尼·博赞先生作为指导培训师来到了日本。我在那时直接接受了博赞先生的培训师指导（进修）。和我同班的全是埋头于事业的职场精英，这让当时还在公立保育所当保育员的我很是震惊，甚至感到了不安："就算当上了培训师，我能干得下去吗？"

但是，在接受指导的过程中，我萌生出了这样的想法："职场以外的场合才更应该使用思维导图！"之所以这样想，是因为我从博赞先生身上强烈地感受到了他身为教育者的特质，而不是职场精英的特质。

起初，绝大多数预备培训师画的都是黑白思维导图，根本不懂思维导图的神髓。而博赞先生仅用了两天就让这些预备生拜倒在了思维导图的魅力之下。就连担任口译的神田昌典先生也惊叹不已："没想到思维导图竟然是一门这么深奥的工具。"神田先生翻译了博赞的著作《思维导图》，并将思维导图推广到了日本。在他看来，博赞先生的真传给预备生带来的变化超乎他的预想。

博赞先生的指导风趣幽默，表扬好的地方，把精彩的作品拿出来让所有人一同分享。他一边指导大家快乐学习，一边给预备生讲解思维导图的伟大之处。从博赞先生的这种指导中，我感受到了与教育的共通之处。

于是，我产生了一个强烈的想法："能学会思维导图的不只有职场人士，主妇和孩子也可以在快乐学习中掌握思维导图。”我认为快乐学习是思维导图的一大魅力，这与年龄和性别无关。于是，我开设了亲子课程，并在课上见证了许多宝贵的事例。本书中介绍的只是那些温暖感人的故事中的极少一部分。

如果你在读完本书后萌生了“总之先试试看”的念头，并准备好了纸和笔，无论你打算怎样学画思维导图，我都由衷地为你感到高兴。不要以“必须画得漂亮”“我不会画画”等理由打退堂鼓，只要画得开心就好。在愉快绘制的过程中，渐渐地就会掌握规则和要领。

如果本书能成为你迈出思维导图第一步的契机，那便是我无上的荣幸。

矢岛美由希

出版后记

“瞧我这记性！我早就想要买那个东西的，为什么总是忘记呢？”

“哎呀，我应该想到这件事的，都怪我当时太着急了！”

“事情要么不来，要么一下子全来了，我的脑子全乱套了，到底该从哪里着手做呢？”

……

日常生活中有太多的琐事，一不留神就会给你制造一个小麻烦。这些小事情虽然微不足道，却也会让你挠头，抱怨自己的脑袋不好使。你是不是也常对着这些小事皱眉苦笑呢？如果是，那么你需要画一幅思维导图。

思维导图是革命性的思维工具，可以起到激发思维、理清思绪的作用，在职场中广受欢迎，尤其是商务人士常用它来整理信息、发散思维，可以说是“一图在手，百事无忧”。那么，在日常生活中使用这种思维工具，是否有点小题大作呢？当然不是，因为思维导图也可以很简单。

众所周知，日本人做事总是相当讲究条理，哪怕是在日常生活的细节中也别有匠心，追求生活的品质。本书正是由日本思维导图授权培训师精心创作，从日常生活的细节着手，教你如何用思维导图这一世界闻名的工具来处理无处不在的琐事，看起来一团乱麻的琐事在她的娓娓讲述下，渐渐变得条理清楚。她授人以鱼也授人以渔，耐心列举了日常生活、学习以及职场中的大量案例，这些现成的经验可以直接拿过来用，也可以用她传授的方法，自己创作思维导图。一书在手，日常生活中的各种琐事全都迎刃而解，怎么看都是很划算的。

服务热线：133-6631-2326 188-1142-1266

读者信箱：reader@hinabook.com

后浪出版公司

2015年12月

图书在版编目（CIP）数据

日常生活中的思维导图 /（日）矢岛美由希著；程雨枫译. -- 南昌：江西人民出版社，2016.4（2018.5重印）

ISBN 978-7-210-08256-9

Ⅰ. ①日… Ⅱ. ①矢… ②程… Ⅲ. ①思维方法—通俗读物

Ⅳ. ①B804-49

中国版本图书馆CIP数据核字（2016）第038059号

FUDANZUKAI NO MINDMAP KAKUDAKE DE MAINICHI GA HAPPY NI NARU BY MIYUKI YAJIMA
Copyright © 2012 MIYUKI YAJIMA
Original Japanese edition published by CCC Media House Co.,Ltd.
Chinese(in simplified Character only)translation rights arranged with
CCC Media House Co.,Ltd.through Bardon-Chinese Media Agency,Taipei.
Chinese (in simplified character only) translation copyright 2016 by Ginkgo (Beijing) Book Co., Ltd.

版权登记号：14-2016-0026

日常生活中的思维导图

编著：[日]矢岛美由希　责任编辑：胡滨　刘荆路

出版发行：江西人民出版社　印刷：天津翔远印刷有限公司

690毫米 × 960毫米　1/16　13印张　字数126千字

2016年5月第1版　2018年5月第9次印刷

ISBN 978-7-210-08256-9

定价：36.00元

赣版权登字 -01-2016-41

后浪出版咨询(北京)有限责任公司 常年法律顾问：北京大成律师事务所
周天晖 copyright@hinabook.com

未经许可，不得以任何方式复制或抄袭本书部分或全部内容
版权所有，侵权必究
如有质量问题，请寄回印厂调换。联系电话：010-64010019

《深度案例思考法：从怎么可能到原来如此》

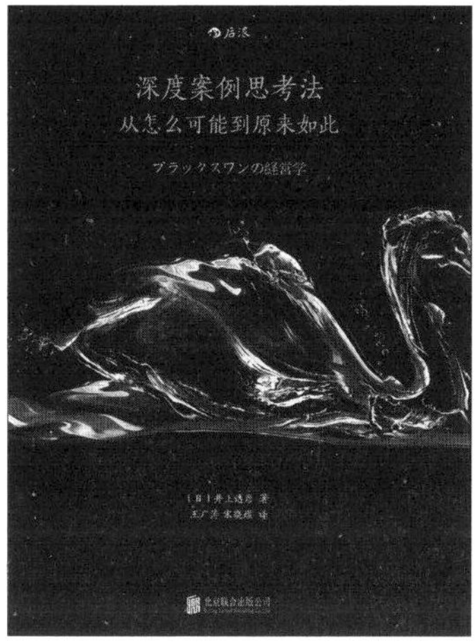

著　　者：[日]井上达彦
出　　版：北京联合出版公司
出版时间：2016年2月
书　　号：978-7-5502-6562-2
定　　价：36.00

用案例思考法发现下一个黑天鹅

编辑推荐

这是一本讲述思考逻辑的书，让你能够用最少的案例更具说服力地探究真相；

这种案例思考法是从美国管理学会获奖论文中提炼出的，让你在日常生活中也能做一个学术人；

深度学习的社会，学会严谨的思考问题，让你拒绝二手知识，掌握一手知识，站在行业的顶端。

内容简介

“即使努力也是白费心机”在欧洲表述为“As Likely as a Black swan(像寻找黑天鹅一样困难)”，黑天鹅几乎是“不可能”的代名词。但是，黑天鹅也可能随时会发生，并且每一次发生都会扭转你对于通行法则的信念。那么，如何在寻常事件中发现不可思议的部分？如何在公认的不可能中找到黑天鹅存在的可能性？

作者利用美国管理学会最优秀论文奖的获奖论文，来展示世界最优秀的案例研究范例。这一奖项被称为是管理学界的“奥斯卡”奖。以此来介绍寻找发现黑天鹅的方法，让读者了解案例研究的魅力和能力。

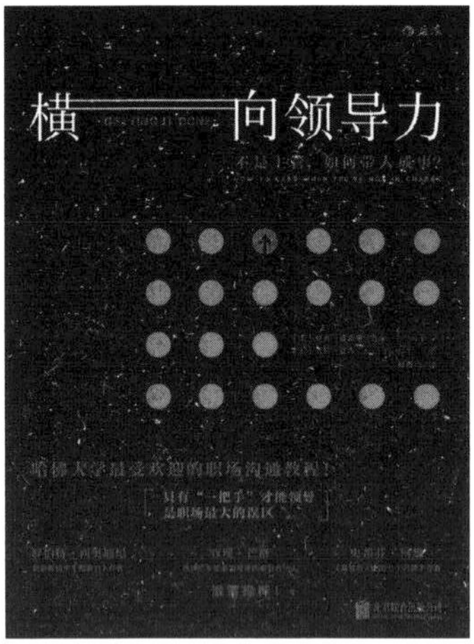

《横向领导力》

著　　者：[美]罗杰·费希尔
出　　版：北京联合出版公司
出版时间：2015年10月
书　　号：978-7-5502-6265-2
定　　价：32.00

哈佛大学最受欢迎的职场沟通教程！
只有"一把手"才能领导是职场最大的误区，你无须拥有高于同事的权力，就能游刃有余地完成比难更难的事。

著者简介

罗杰·费希尔，哈佛大学教授，"哈佛谈判项目"主任，同时供职于冲突管理咨询公司和剑桥冲突管理咨询集团，为众多的政府部门、企业和个人提供谈判咨询服务。曾出版全球畅销书《沟通力》、《谈判力》。

内容简介

与人合作绝对是世界上最难的事情之一，时间往往在摩擦中白白消耗，分到与自身能力不相称的任务，或是由于某种差异而冲突不断，长达数小时但结果欠奉的会议可以说是司空见惯。有时我们磨合团队所花的时间甚至远远超出完成实质性工作的周期。大多数人宁可多花一些工夫独立完成任务，也不愿意与他人合作。

只有"一把手"才能领导，这是职场最大的误区和陷阱！

罗杰·费希尔，谈判、沟通领域久负盛名的权威专家，汇聚哈佛大学肯尼迪政府学院、哈佛大学谈判项目的核心资源，砥砺七年，终于成就这部职场沟通经典：你无须拥有高于同事的权力，就能游刃有余地完成比难更难的事。